公建项目建设管理书系

天禄湖国际大酒店绿色建造关键技术

倪伟民　孙浩光　蒋凤昌　著

同济大学出版社
TONGJI UNIVERSITY PRESS
·上海·

图书在版编目(CIP)数据

天禄湖国际大酒店绿色建造关键技术 / 倪伟民，孙浩光，蒋凤昌著. —上海：同济大学出版社，2023.12

（公建项目建设管理书系 / 蒋凤昌主编）

ISBN 978-7-5765-1009-6

Ⅰ. ①天… Ⅱ. ①倪… ②孙… ③蒋… Ⅲ. ①饭店—建筑设计②饭店—建筑工程—工程施工 Ⅳ. ①TU247.4

中国国家版本馆 CIP 数据核字(2023)第 232982 号

天禄湖国际大酒店绿色建造关键技术

倪伟民　孙浩光　蒋凤昌　著

责任编辑　姚烨铭　　**责任校对**　徐春莲　　**封面设计**　周卫民

出版发行　同济大学出版社　　www.tongjipress.com.cn

（地址:上海市四平路 1239 号　邮编:200092　电话:021-65985622)

经　　销　全国各地新华书店

排　　版　南京文脉图文设计制作有限公司

印　　刷　江苏凤凰数码印务有限公司

开　　本　787mm×1092mm　1/16

印　　张　13.75

字　　数　293 000

版　　次　2023 年 12 月第 1 版

印　　次　2023 年 12 月第 1 次印刷

书　　号　ISBN 978-7-5765-1009-6

定　　价　96.00 元

本书编委会

著　　者　倪伟民　孙浩光　蒋凤昌

编 写 组　倪伟民　孙浩光　蒋凤昌　张卫兵　韩奎杰　黄秀艳　马海波　王圣华　顾　昊　苏新玉　王　威　姜荣斌　杜　生　陈　俊　朱志俊　李卫兵　黄文娟　冯宁馨　周桂香　李　罡　陈焕军　冯树玮　钱　军　王成香　刘远洋　肖乐平

编写单位　中国江苏国际经济技术合作集团有限公司

泰州职业技术学院

中衡设计集团工程咨询有限公司

鹏浩建设工程有限公司

上海万罡钢结构工程有限公司

上海用之源科技服务中心

前言 FOREWORD

酒店是社会生产力发展的产物，五星级酒店是我国最高星级的酒店。高端星级酒店往往会建设成一座城市和地区的地标建筑，从某个层面体现了城市的综合实力和发展水平，并且促进了城市和地区经济、科技的高质量发展。

天禄湖国际大酒店项目位于中国医药城——泰州国家医药高新技术产业开发区，建筑造型独特，由三个直径 72 m 的圆环组成。总建筑面积为 65 928 m^2，其中地下两层建筑面积为 23 598 m^2，地上七层建筑面积为 42 330 m^2。该项目为泰州市“十四五”规划的重点建设项目，建设标准为五星级，质量目标为争创国家优质工程奖，不仅体现高品质和豪华度，而且体现绿色生态理念，将建成为泰州市医药高新区的地标建筑。项目建设与天禄湖自然环境融合，构建现代城市运动公园服务基地，以该项目为背景，打造包含温泉疗养、综合养生、中医调养、妇幼康乐、运动疗养和生态理疗等复合多样的养生理疗基地，引领城市健康生活新模式。

该项目遵循绿色设计、绿色施工和绿色运维的理念，针对其复杂造型，研究开发了弧形深基坑钢板板桩围护结构、弧形钢框架结构、弧形幕墙结构等分项工程的施工技术，并且推进全生命周期的建筑信息模型(Building Information Modeling, BIM)技术创新应用，推广智慧工地应用技术，在工程建设过程中获得良好的经济效益和社会效益。另外，课题组还针对星级大酒店室内装饰设计进行研究，为高质量实现天禄湖国际大酒店项目室内装饰设计奠定良好基础。

本书的出版获得江苏省土木建筑学会立项科研课题“复杂钢结构工程 BIM 技术应用研究(项目编号：2022—09)”、泰州市科技支撑计划项目“复杂钢结构工程建设全过程 BIM＋绿色成套建造技术开发研究(项目编号：TS202229)”和江苏省发展改革委员会立项的“江苏省复杂项目绿色建造 BIM 技术应用工程研究中心(项目编号：JPERC2021—168)”资助，同时还获得上海用之源科技服务中心的资助。在此对资助单位深表感谢。

本书在写作过程中，获得中国江苏国际经济技术合作集团有限公司、泰州职业技术学院、中衡设计集团工程咨询有限公司、鹏浩建设工程有限公司、上海万罡钢结构工程有限公司及上海用之源科技服务中心等单位的支持，在此对支持单位及个人一并表示感谢。

本书的写作安排如下：倪伟民负责总策划，并负责第 1 章和第 3 章；孙浩光负责第 6 章和第 7 章；蒋凤昌负责第 2 章、第 4 章、第 5 章、第 8 章和第 9 章。

受疫情影响，天禄湖国际大酒店项目建设周期延长，而现代建筑业的绿色建造技术始终快速发展，同时限于作者水平，书中难免存在一些缺陷甚至错误，恳请专家和读者批评指正。

著　者

2023 年 9 月

CONTENTS / 目录

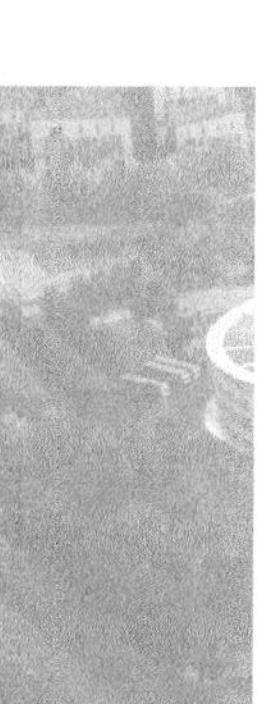

第 1 章

项目建设背景和必要性

1.1 项目建设背景

中国医药城——泰州国家医药高新技术产业开发区，坐落于长江三角洲的滨江工贸新城——泰州，是当今中国唯一的国家级医药高新区。泰州国家医药高新技术产业开发区总体规划面积 25 km^2，由科研开发区、生产制造区、会展交易区、康健医疗区和综合配套区五大功能区组成，是目前中国规模最大、产业链最完整的医药类产业园区。2008 年 1 月，被国家发改委认定为“生物产业国家高技术产业基地”。2009 年 3 月 18 日，国务院作出批复，泰州医药高新技术产业开发区正式成为全国第 56 个国家高新区，标志着泰州医药开发区正式被纳入国家科技创新体系，成为创新型国家建设的重要组成部分。

中国医药城始终坚持以国际化、现代化为发展方向，以规划建设为龙头、引资引智为根本、自主创新为动力及综合配套为支撑，正在建设成为国内外科学家、企业家投资创业的首选之区。目前，区内已集聚了美国哈姆纳研究院、得克萨斯医学中心、中国药科大学等一批国内外知名医药研发机构，一批医药生产、服务型企业先后落户，一大批“国际一流、国内领先”的医药创新成果成功落地申报。

1.1.1 大健康产业的概念形成

当前，各地纷纷发展健康产业，泰州在全省率先提出“大健康产业”这一概念，并加快构建“一业牵引、三业主导、特色发展”产业体系，其中的“一业牵引”即以“大健康产业”为牵引，从而形成泰州特色并抢占发展先机。2016 年 5 月，中央出台的《长江经济带发展规划纲要》明确提出“支持江苏泰州开展大健康产业集聚发展试点”，这是泰州市产业发展首次被写入国家发展规划。随后，中央推动长江经济带发展领导小组办公室批复同意《江苏泰州大健康产业集聚发展试点方案》（以下简称《方案》）。《方案》指出“鼓励发展迁居式异地养老和旅居式养老业态，规划建设一批医养融合社区和生态养老园区，大力培育老年产业集群”“鼓励有条件的养老服务机构设置相应的医疗机构，在办理医疗机构执业许可证和医疗费用结算等方面给予支持”等。

现今社会人口老龄化程度不断加深，追求高品质生活质量的群体日益增多，为形成产业集聚，促进地方经济发展，提高居民生活健康水平，满足高端化、个性化的医疗需求，建设养生理疗基地势在必行，致力于打造集复健理疗、身心调养、中医养生、健康旅游和中高端养老等健康服务业功能，构建一个“医、护、养、学、研”一体化的世界级医疗集聚区域。

为促进泰州大健康及养老产业的发展，泰州市人民政府及医药高新区管委会决定在中国医药城建设养生理疗基地，项目选址紧邻在建的天禄湖风景区，环境优美。项目建成后将成为一个集医疗服务、健康养老、休闲度假、文化教育和医养产业发展于一体的“国际复合型大健康产业示范区”。

1.1.2 产业政策分析

“大健康”产业是泰州的三大战略性主导产业，泰州市“十三五”规划第一章总体要求指出“着力建设以大健康产业集聚为特色的中国医药名城”。在规划第二章第一节中明确“打造大健康产业集聚示范城市”，具体为：把大健康产业作为转型升级的重要抓手，以医药名城建设为支撑，以融合发展为路径，积极打造长江经济带大健康产业集聚示范城市。到2020年，基本实现大健康产业“一个全国领先、三个全国知名、四条特色路径”发展目标，融合发展大健康产业。适应健康需求多元化、个性化、高端化新趋势，以“药、医、养、游”融合发展为核心，引导健康产业、健康服务、健康要素向泰州集聚。

(1) 促进“医・养”融合。发挥水城水乡生态优势，加快医养融合集聚区建设，推动特色医疗、中医药保健与养生养老产业深度对接，发展健康管理、健康促进、休闲疗养等新兴产业，积极探索医养融合发展新路径，全力打造长三角医养结合养老胜地。

(2) 创新“养・文”融合。围绕医疗健康养生特色，推动古城秀水、湿地资源、垛田风光和大江风貌等生态文化特色融合发展，加快打造独特的健康主题旅游，积极探索健康旅游跨越发展新路径，全力打造长江流域康复养生旅游基地。

(3) 优化大健康产业空间布局。围绕各市（区）产业特色和比较优势，加大健康资源整合提升力度，加快形成以中国医药城为核心，姜堰医养结合试验区、兴化健康农副产品集聚区为呼应，城河休闲观光带、沿江生态带、泰州北部生态带三条健康旅游带联动，各市（区）健康特色功能区相互协作的“一核两区三带多块”大健康产业空间发展格局。

(4) 推进大健康产业集聚发展试点。制定全市大健康产业发展规划，实施大健康产业发展七大行动，争取将中国医药城建设成为全国前沿医疗技术应用试点。出台大健康产业发展政策意见，加大对健康产业跨界投资、高端健康服务业发展、健康产业集聚区建设的支持力度。放大国际医药博览会效应，建立发布医药产业发展指数，打造全国性大健康交流平台。积极开展健康城市创建，加快形成"要健康到泰州"的品牌形象。

健康养生产业作为兼具社会效益和经济效益的新型服务业态，涵盖养生保健、医药医疗、休闲娱乐等诸多领域，已成为带动经济发展的重要产业。天禄湖国际大酒店为中国医药城养生理疗基地的一项重要配套设施，项目的建设可以更好地完善养生理疗基地业态形式，酒店充分利用医药城养生理疗基地特有的地形地貌，以独特的造型成为中国医药城一道亮丽的风景。

1.1.3 项目建设的背景

如果我们问:21 世纪人类最关注的问题是什么？最响亮的回应将是:健康。

正如世界卫生组织(WHO)所指出:21 世纪医学的重心将是对病前状态的干预和对疾病的有效防范。中国是目前亚健康人群最多的国家。据介绍，现在约有 75%的人群正处于亚健康状态，约 20%的人群需要专业医疗机构诊治，而真正达到健康标准的人群仅占 5%。在未来的 10～20 年内，随着国民收入大幅提高和中国人口进入深度老龄化，人们健康管理的意识不断提高，这就要求服务体系及健康产业结构与布局须作相应调整。西方发达国家的人们用在健康方面的花费约占其总收入的 48%，而中国人目前只占其总收入的 8%左右。健康消费将成为未来家庭消费的重要增长热点。按正常消费水平稳步增长的发展趋势，中国健康产业市场将成为全球健康产业最大和最重要的市场之一。随着进一步开放，国际市场将日益关注我国健康产业，各种资本形态也将逐鹿其中。

20 世纪有 85%的医生从事临床诊断治疗工作，而 21 世纪将有 85%的医生从事关注病前状态的工作，仍坐在医院里干等病人求治的医生将不超过 15%。可见，健康产业正作为一项极具潜力的朝阳产业迅速崛起。当前，由于城市环境污染、气候变化、精神压力等多种因素，都市人口的亚健康问题已成为我国乃至世界许多发达国家面临的共同问题。而随着深度老龄化社会的临近，人们对生命健康的追求则进一步加速和提升。

据统计，中国的医疗健康支出已成为继食品、教育之后的第三大消费支出，但中国医疗健康产业的总体规模不到国内生产总值 2%，与发达国家还有着较大的差距。这也使医疗健康产业成为中国最有投资价值的产业之一。我国的健康产业是一个高速发展的产业，它不仅具备了高技术含量、高附加值，而且低能耗、低污染、多功能，符合城市绿色可持续发展的主流理念，对提升城市品质，彰显城市个性，实现城市社会、环境、文化及人的全面发展和跨越性提升都将发挥重要作用;在产业经济方面，包括医疗规模和总容量都在不断扩大。据国际经济学家预测，健康产业将成为"无限广阔的兆亿产业"。

泰州市地处江苏省中部、长江北岸，西面连接扬州市，北面和东北毗邻盐城市、东面紧依南通市，南面与苏州、无锡、常州三市以及镇江市所辖扬中市隔江相望。全市南北长而东西窄，南北最大直线距离约 124 km，东西最窄处约 19 km，最宽处也仅 55 km。全市总面积 5 790 km^2，其中市区面积 428 km^2，总面积中，陆地面积占 82.74%，水域面积占 17.26%。

地级泰州市设立 20 多年来，经济发展较快，2015 年全市完成地区生产总值 3 620 亿元，是 2010 年的 1.8 倍，年均增长 11.4%；人均地区生产总值 7.8 万元，年均增长 11.3%。一般公共预算收入 322.2 亿元，是 2010 年的 1.89 倍，年均增长 13.5%。

泰州中国医药城，地处长江三角洲重要成员城市泰州，是目前中国规模最大、最完整的医药类区。泰州建设中国医药城 10 年来，坚持创新引领，集聚要素资源，构筑发展平台，正在步入产业爆发式增长的快速发展期。目前，顶尖人才和企业加速集聚，现有"千人计划"专家 45 名在泰州创业兴业，国内外知名生物医药企业 800 多家在泰州投资落户，其中包括阿斯利康、塞诺菲、勃林格殷格翰等 9 家全球知名跨国制药企业；产业化步伐加速推进，已有 32 家药品生产企业取得生产许可证，17 家药企 38 条生产线通过 GMP 认证。2017 年以来，生物制品申报数量占江苏的 50%、全国的 8.9%；医药行业规模加速扩大，在中国医药城的强有力推动下，全市生物医药及高性能医疗器械产业规模突破 1 100 亿元，增速多年超过 20%，连续 16 年"领跑"江苏。

中国医药城将加快由生物医药向"药、医、养、食、游"全产业链的大健康产业拓展，打响"健康城市"品牌，力争到 2025 年，以中国医药城为核心的泰州大健康产业在全国形成较大规模和影响。因此，中国医药城建设养生理疗基地，亟待在人文、历史、自然的基础上注入更多"健康"和"生态"的元素，完善现代服务业产品体系和提高服务水平，实现医疗资源整合，优势互补，良性竞争，共同发展。

1.2 项目建设必要性

1.2.1 项目建设是促进泰州大健康产业发展的需要

1）中国已身处"财富第五波"

美国著名经济学家保罗·皮尔泽先生在他的著作《财富第五波》中指出，健康产业将成为继 IT 产业之后的全球"财富第五波"，他通过大量翔实生动的案例分析和市场论证，向人们展示了即将到来的健康产业财富浪潮，并大胆预测美国未来几年健康产业年产值将达 1 万亿美元。

中国的 GDP 以约 8%的速度递增，健康产品的总需求也在急剧增加，健康产业的财富浪潮已在中国逐步展现，可见中国已身处"财富第五波"。健康这个产业的商机是无限的。

《财富第五波》给我们最大的冲击可能是一个保健概念的冲击、观念的冲击。现在 DNA

技术那么先进，在人的舌头上轻轻一刮，就知道你遗传哪些疾病，比如说骨质疏松，年轻的时候就可以预防。目前中国缺乏对于保健预防产业的高质量关注，健康产业其实涵盖面很宽，既包括保健品、健康食品，也包括健康服务项目，比如大家疲劳以后做的 SPA、足疗、泥疗和理疗等。因此，保健预防产业、服务产业蕴含着很大的商机。

2）中国健康产业未来十年将达兆亿元产值

有资料显示，未来 10 年，中国健康产品的消费额将在目前的基础上以几何级增长，将形成全球引人注目的一个兆亿元价值的市场。

国外健康产品在中国市场以 7%的品种占有 40%以上的市场份额。而众多国外优秀的健康产品由于各种各样的原因，未能进入中国市场，这对人们的健康和中国健康产业的发展无疑是一种浪费和损失。据美国 IrvingLevin 公司的一份研究表明，2005 年，国际资本向医药和生物技术领域的风险投资呈上升趋势，风险投资达 73 亿美元，较 2004 年增长 5%。其中，生物制药领域吸引的风险投资数量最多，达 21 亿美元，医疗器械和化学药物领域吸引的风险投资均为 14 亿美元。

2007 年世界卫生日的主题为"投资卫生，构建安全未来"，目的是敦促政府、组织和工商企业"投资于健康，建设更安全的未来"。

1.2.2　项目建设是促进泰州旅游市场发展的需要

1）长江三角洲城市群发展规划

长江三角洲城市群（以下简称长三角城市群）位于长江入海之前的冲积平原，是中国经济最具活力、开放程度最高、创新能力最强和吸纳外来人口最多的区域之一，是"一带一路"与长江经济圈的重要交汇地带，在国家现代化建设大局和全方位开放格局中具有举足轻重的战略地位。长三角城市群是中国参与国际竞争的重要平台、经济社会发展的重要引擎，是长江经济带的引领发展区，是中国城镇化基础最好的地区之一。

根据国务院批准的《长江三角洲城市群发展规划 2016—2020》，长三角城市群包括：上海市，江苏省的南京、无锡、常州、苏州、南通、盐城、扬州、镇江、泰州，浙江省的杭州、宁波、嘉兴、湖州、绍兴、金华、舟山、台州，安徽省的合肥、芜湖、马鞍山、铜陵、安庆、滁州、池州、宣城 26 市，面积 21.17 万 km^2。2014 年，在 21.17 万 km^2 地区面积约占全国总面积的 2.2% 上，总人口 1.5 亿人约占全国总人口的 11.0%，实现了生产总值 12.67 万亿元约占全国生产总值的 18.5%。规划到 2020 年，长三角城市群基本形成经济充满活力、高端人才汇聚、创新能力跃升和空间利用集约高效的世界级城市群框架，人口和经济密度进一步提高，在全国 2.2%的国土空间上集聚 11.8%的人口和 21%的地区生产总值。《长江三角洲城市群发展规划》指明：长三角城市群要建设面向全球、辐射亚太、引领全国的世界级城市群，建成最具经济活力的资源配置中心、具有全球影响力的科技创新高地、全球重要的现代服务业和先进制造业中心、亚太地区重要国际门户、全国新一轮改革开放排头兵及美丽中国建设示范区。

泰州市处在长江三角洲城市群北部的中间位置，位于沿江发展带上，并且紧邻南京都市圈、苏锡常都市圈。长江三角洲城市群的发展将为泰州市提供充足的基础支撑。泰州区位优势明显，有着极其良好的发展机遇，城市发展潜力巨大，未来对旅游市场的需求也会快速发展。

2）泰州市城市总体发展规划

古泰州地处长江之尾、淮河之畔、黄海之滨，江、淮、海三水在这里激荡和汇聚。明万历《泰州志》形胜篇中写道："泰州介乎维扬崇川之间，平原爽垲，众水萦回，东濒海，北距淮，大江映乎前，巨湖环于后，有鼓角门戟之雄实，江海门户之要至。"

泰州的三水文化，集中表现为四种形态：水城文化、水乡文化、湿地文化和滨江文化。自古以来，泰州水网密布，沟渠纵横。明代诗人储巏《自柴墟归海陵》云："北望江乡水国中，帆悬十里满湖风。白苹无数依红蓼，惟有逍遥一钓翁。"诗句形象地勾勒了里下河一派水乡泽国的景象。

《泰州市城市总体规划(2011—2020年)》中提出，泰州市将积极培育现代服务业，强化泰州的区域服务功能价值。强化彰显水乡文化特色的深层次内涵，充分体现整体泰州区域品牌的生态宜居价值。

3）泰州市旅游发展规划

泰州市"十三五"旅游发展规划指出：泰州市要"建设国内一流的旅游目的地和大健康旅游城市""长江经济带上集医、药、养、游于一体的大健康旅游集聚示范城市"，把旅游业作为全市战略性支柱产业和新的经济增长极。

泰州市对旅游业的发展有着明确的行动目标，于2015年推出了《泰州市旅游业跃升发展三年行动计划(2015—2017)》，在计划表中提出：从2015年起，每年旅游总收入年均增长20%以上，力争2017年达到400亿元，旅游增加值占GDP比重达4%；到2017年，当年接待国内外游客2 800万人次，游客人均逗留时间1.4天，人均消费1 400元；三年累计新增旅游就业1.5万人。

泰州市旅游业2016年工作思路中提出以下几点：①突出高位布局，把握新起点。市委、市政府非常重视，下发了《泰州市旅游业跃升发展三年行动计划(2015—2017)》《泰州市区加快旅游业发展的奖励补助意见》。制定《泰州市旅游产业绩效目标考核办法》，将旅游产业发展指标和旅游重大项目建设纳入政府目标管理考核体系，强化跟踪督查和效果评估。②突出品牌创建，找准落脚点，丰富城市品牌形象。在《泰州市旅游业跃升发展三年行动计划(2015—2017)》中，明确围绕"康泰之州、富泰之州、祥泰之州"的整体形象定位和"泰州太美、顺风顺水"城市品牌及"健康、财富、运气好"三大旅游品牌，构筑以"慢生活"为核心元素的"泰美"旅游体系。③精心打造历史文化、生态休闲、大健康三大旅游核心吸引源，打响"健康、财富、运气好"三张旅游名片，大力推动旅游与医药、文化、体育、科技等融合发展，积极培育康健体育、养生养老、休闲度假和乡村旅游等新兴业态，建成长三角旅游休闲度假胜地和国内一流的旅游目的地。④在大健康旅游方面，以创建国家中医药健康旅游示范区为抓手，推动“医、药、养、游”融合发展，建设“养生、养老、养心”的大健康旅游示范城市。按照“一核（药城＋凤城河）两翼（溱湖＋千垛）”的整体设计，对全市大健康旅游实行统一布局、分类发展。药城按照医药产业园区模式，大力发展特色诊疗、专科治理、美容保健、健康体检和专题医药会展等医疗健康旅游，打造“中国健康城”。溱湖、千垛等区域按照养生疗养区模式，打造集“候鸟式养老”和“度假式养生”于一体的养生旅游综合体。重点扶持一批生态类、人文类、体验类的医药养生旅游基地，加快江苏中草药科技园、溱湖中草药园等中医药主题景区的建设，规划建设医药城中医药一条街。

4）旅游业的发展需要完善的配套设施

随着泰州的快速发展，对酒店和服务业的需求不断加大。目前，泰州市区只有万达希尔顿逸林酒店、国际金陵大酒店、碧桂园凤凰温泉酒店、泰州华侨城温泉奥思廷酒店等为数不多的高档酒店。本项目紧邻在建的天禄湖景区而建，天禄湖风景区是泰州医药高新区内的重要水系和景观节点，与天德湖公园一南一北遥相呼应，景区规划总占地面积 99 万 m^2，其中：水体面积 49 万 m^2，为开挖的一个人工湖，景观面积 50 万 m^2。天禄湖风景区作为极具未来感的生态景区，将按照高起点、高规格的理念进行设计，项目建成后将成为泰州旅游与生活的一个重要健康主题景区。

因此，天禄湖国际大酒店具有优越的地理位置、良好的硬件设施，必将成为中国医药城及泰州地区最受欢迎的养生酒店。

1.3 项目建设条件

1.3.1 自然条件

1）地理位置

泰州位于长江北岸，淮河下游，江苏腹部，滨江近海（图 1-1），东部和北部与南通与盐城接壤，西部与扬州相连，南部及西南部与苏州、无锡、常州、镇江四市隔江相望，地处江苏南北及东西水陆交通要冲地带，地理位置十分优越。泰州纬度范围在 32°01′N～33°10′N，正处于地球五带中的北温带的南缘。泰州市的基本形状呈东西狭窄、南北斜长的长宽带状。全市东西最大直线距离约 55 km，最狭处只有 19 km；南北最大直线距离为 124 km。全市总面积 5 790 km^2，其中市区面积 428 km^2。总面积中，陆地面积占 82.74%，水域面积占 17.26%。2012 年年末，泰州市行政区划设海陵、高港、姜堰、泰州医药高新区 4 个区，兴化、靖江、泰兴 3 个县级市。

中国医药城位于泰州市海陵区和高港区之间，位于泰州市主城区与港区中间位置，北

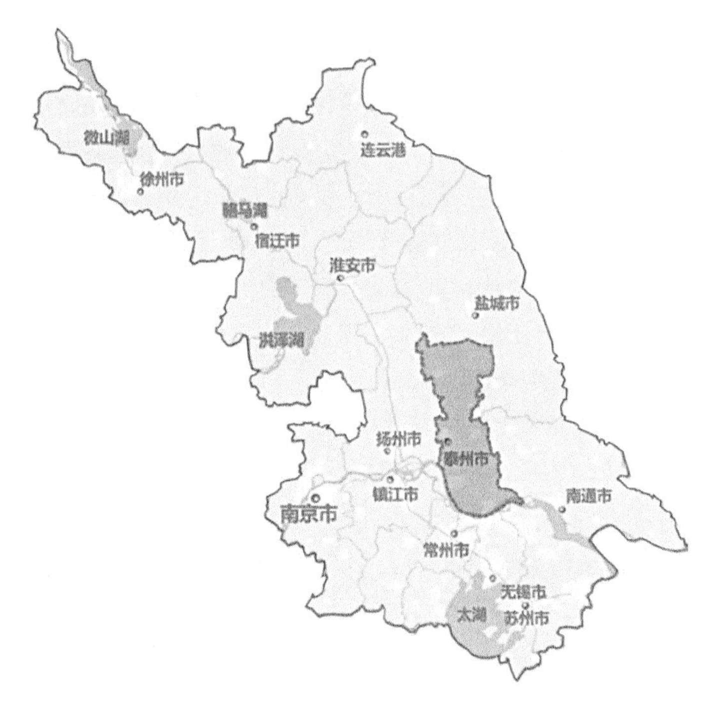

图 1-1 泰州市地理位置示意图

起姜高西路及其延长线，南至帅于村北高压线走廊南面，东起泰州大道以东 1 km 处，西至引江河，用地规模控制在 10 km^2。

2) 地质地貌

泰州市区境内地势平坦，属于苏北平原，地面标高(青岛零点)3～3.5 m，地势西南部较高、东北部较低。境内水域较广，水陆比为 1∶3.68。本地区属长江中下游平原，为第四纪沉积物覆盖，沉积物属海积总积、近代湖泊沉积物，厚度一般为 200～250 m，岩相变化较为明显。土壤主要为黏土、亚黏土及轻亚黏土，地耐力一般为 1.2 kg/cm^2，历史上有震害记载，建筑物设防烈度为 7 度。区内无影响项目建设的采空区、崩塌、滑坡、泥石流及冻土等特殊地形、地貌。

3) 气候

泰州地处中纬度地区，气候变化显著，冬夏季较长，春秋季较短，属季风影响下的副热带湿润气候。风向有明显的季节性变化，常年主导风向为东南风。夏季炎热多雨，冬季寒冷少雨，四季分明、雨量充沛、日照充足且无霜期长。

4) 水文、水系

依据泰州市"一轴三级"水系专项规划(图 1-2)，医药城区域内拥有天德湖和天禄湖两大自然水景公园，其周边主要河流有长江、引江河、南官河等。

(1) 长江：长江泰州段西起泰州新扬湾港，东至靖江的长江农场，全长 97.36 km，沿江经过泰州港、过船港、泰州经济产业园区码头、七圩港、夹港、八圩港、九圩港及新港等较大

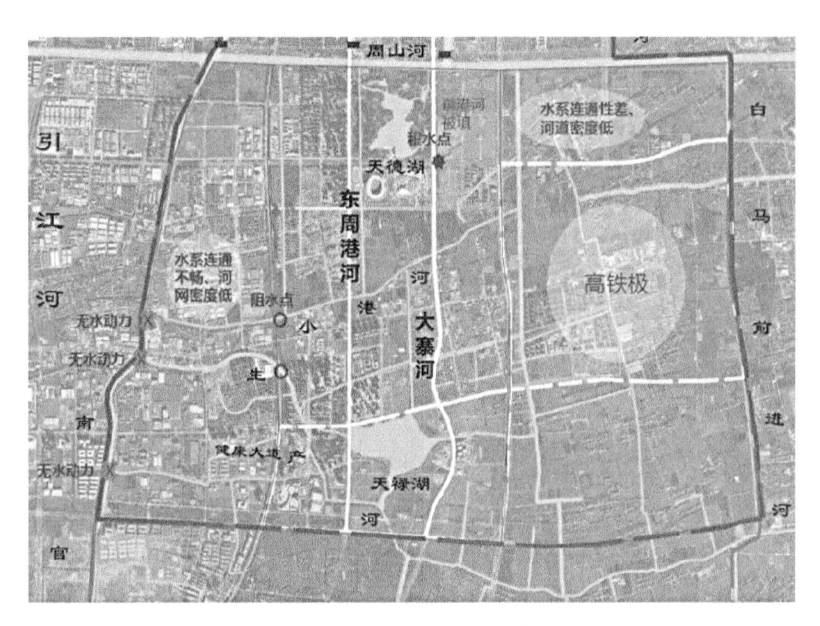

图 1-2　泰州市“一轴三级”水系专项规划

的码头，江面最宽处达 7 km，最窄处只有 1.5 km。江潮每月涨落各两次，农历十一、二十五为换潮日，潮水位全月最高。据长江大通站历史资料统计：历年实测最小流量 4 680 m^3/s，最大流量 92 600 m^3/s，平均流量 28 200 m^3/s；最大含沙量 3.24 kg/m^3，最小含沙量 0.022 kg/m^3。历年实测长江高资段最大流速 3 m/s，最小流速 0.5 m/s，平均流速 1 m/s，岸边流速 0.2 m/s。长江下游的洪水期潮流界为江阴，非洪水季节潮流界上移。

(2) 引江河：泰州引江河南起长江，北至新通扬运河，全长 24 km，贯通上、下河水系，为引排双向低水位河(与上河水系河道通过闸连接)，水位同里下河水位。设计河道底宽 80 m、河底高程 −5.5 至 −6.0 m(废黄河零点)，河道采用宽浅式断面，引、排水流量 600 m^3/s。常年流向为由南向北，洪水季节向长江排涝。

(3) 南官河：南官河是泰州市区通长江的重要水道，穿过泰州市高港区、海陵区，南接长江，北接卤汀河，全长 24 km，主要功能是航运、灌溉和排涝，最大流量 26.3 m/s。南官河入江口上游约 33 km 处为口岸船闸，船闸上游约 1.5 km 为口岸水厂的取水口。

1.3.2　社会经济条件

1) 泰州经济发展概况

泰州市是 1996 年 7 月经国务院批准在原县级泰州市基础上成立的地级泰州市，下辖海陵、高港、姜堰、医药高新区 4 区和泰兴、兴化、靖江 3 个县级市。全市总人口约 510 万人，土地面积 5 790 km^2，人口密度 866 人/km^2。

2019 年，全市实现地区生产总值 5 133.36 亿元，按可比价计算，比上年增长 6.4%。其中第一产业增加值 292.50 亿元，增长 2.3%；第二产业增加值 2 525.98 亿元，增长 5.9%；第三产业增加值 2 314.88 亿元,增长 7.6%。按常住人口计算,人均地区生产总值 110 731 元,增长 6.6%。劳动生产率不断提升。全员劳动生产率为 186 498 元,比上年增长 7.2%。产业结构继续优化。全年三次产业增加值比重调整为 5.7∶49.2∶45.1,服务业增加值占 GDP 比重比上年提高 1.4 个百分点。市场活力不断增强。年末全市共有私营企业 12.95 万户,全年新增 2.51 万户;年末共有个体经营户 37.09 万户,全年新增 6.12 万户。

2) 中国医药城(医药高新区)经济发展概况

泰州医药高新区起步于 1992 年创办的泰州经济开发区,2006 年启动建设中国医药城,2009 年升格为国家级高新技术产业开发区,成为江苏省重点建设的特色产业基地之一,是省委、省政府重点打造的全省生物技术与新医药产业核心区、综合改革试验区、转型升级先导区。全区土地总面积 121.9 km^2,现有常住人口 20 万,其中城镇人口 17.2 万。下辖中国医药城、经济开发区、综合保税区、高等教育园区、周山河街区、数据产业园区和滨江工业园区七个功能性园区和野徐镇、沿江街道、寺巷街道、明珠街道和凤凰街道五个镇街。

近年来,在市委、市政府的坚强领导下,全区以产业化为主线,着力汇聚全球产业资源和创新资源,加快建设医药特色高新区。在发展定位上,中国医药城重点发展生物医药健康产业,建设以大健康产业集聚为特色的中国医药名城;泰州经济开发区(泰州综合保税区)重点发展电子信息产业,着力打造千亿元级特色产业集群;泰州滨江工业园区重点发展高端石油化工、新材料产业;泰州数据产业园区重点发展软件和信息服务、电子商务、服务外包产业;泰州高等教育园区主要负责泰州本科学院的规划、建设和管理;周山河新城是泰州未来的城市客厅,目标建成商业商务核心区、绿色生态宜居区和优质教育集聚区。

10 年来,泰州医药高新区生产总值从 56.3 亿元增长到 262.5 亿元,年均增长 21%,累计完成全社会固定资产投资 2 481.5 亿元,城市建设用地面积由 20 km^2 扩大至 50 多 km^2。未来,泰州医药高新区将重点围绕“1 2 3 4 5”战略(即坚定 1 个目标,深化 2 个融合,打造 3 大高地,构建 4 大平台,实现 5 个走在前列)开启新的创业征程。

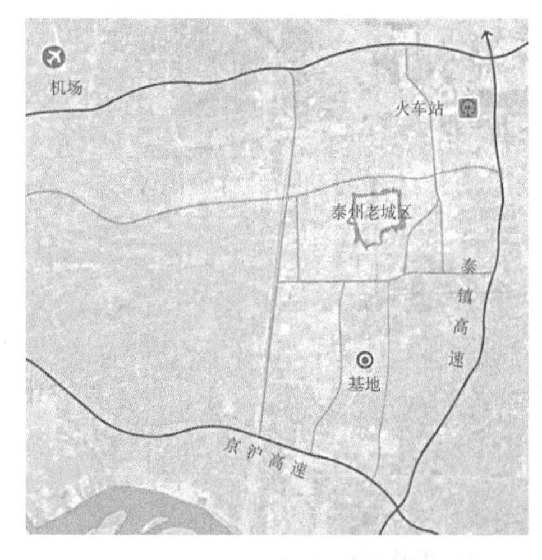

图 1-3 基地周边交通设施布局状况

1.3.3 基础设施条件

1) 交通运输

泰州处于沿海与长江“T”形产业带接合部,东西承接上海、南京两大经济圈,南北连接苏南、苏北两大经济板块,区位优势明显。域内公铁水、江海河大交通、大联运的格局基本形成(图 1-3)。

(1) 陆路交通:京沪高速公路、宁通高速公路、宁靖盐高速公路和沿江高速公路将泰州融入全国高速公路网络。全市每百平方公里拥有高速公路里程 3.46 km,位列全省第一。两条铁路从泰州境内纵横穿过。其中新长铁路(江苏新沂至浙江长兴)，北接陇海线，南连京沪和浙赣线，货运能力 150 万 t，宁启铁路(南京至启东)连接京沪，货运能力 200 万 t。

(2) 水路交通：泰州港上距南京 145 km，下离南通 119 km，距上海 247 km，港口处于长江B级航区，腹背宁通高速公路、沿江高等级公路和新长铁路、宁启铁路，有杨湾、高港、永安和过船四个长江港区，岸线稳定，水深域宽，可常年通航靠泊5万吨级的海轮，是长江下游北岸理想的海、江、河换装良港。年吞吐量 2 000 万 t。港口涉外机构齐全，中国外轮代理公司、中国外轮理货公司、中联理货公司等多家代理公司、船舶运输公司在港口设有办事处，开办船代、货代业务，可为国内外客户提供“一关三检”、货运代理、货物运输等服务。

(3) 航空交通：泰州航空交通运输便利，距离南京禄口国际机场 150 km(车程 2 h)、上海虹桥国际机场 250 km(车程 2 h)、上海浦东国际机场 280 km(车程 3 h)，到达常州机场车程只需 1 h 多。距已建成使用的扬州泰州机场仅 25 km。

2) 公用设施

(1) 电力：泰州市内供电设备配套齐全，拥有变电所 93 座，主变容量 367.3 kVA。规划中建设的泰州热电厂总容量达 360 万 kW。泰州医药高新区已建有一座 110 kV 的变电站。

(2) 供水：泰州市区现有 3 个自来水厂，日供水能力 30 万 t，市区饮用水源水质达标率 100%。

(3) 供气：泰州气体种类较为齐全，气源丰富，可为居民提供生活所需的天然气。

(4) 电信通信：电信、联通、移动、网通等组成了强大的泰州电信通信网络，大容量、数字化的光纤网络覆盖全市。在城乡任何地方，可直拨国际、国内长途电话业务和国际、国内互联漫游移动电话业务。

1.3.4 场地条件

项目所在地泰州有着悠久的养生文化历史，并坐落于高速发展区域的第一中国医药城最大的生态湖天禄湖东侧，靠近医疗小镇，在场地资源和功能配套设施上都有很大优势。但天禄湖为人造湖景，没有很好的天然资源，且场地地势过于平坦无山丘，在南边有高压线走廊，在视野对景设计上有很高要求。

第2章 星级大酒店的绿色设计

2.1 五星级酒店的评定标准

2.1.1 国外酒店级别评定标准

(1) 评级主体:国外酒店评级主体分为政府、行业协会和第三方组织。

由政府实施酒店分级的国家主要有:埃及、土耳其、阿联酋、意大利、罗马尼亚、英国、加拿大等。政府实施酒店分级主要是出于行业管理的需要。

由行业协会实施酒店分级的国家主要有:奥地利、瑞士、丹麦、法国和德国等。行业协会实施酒店分级主要是出于行业自律的需要,其中有些国家要求酒店必须参加评级。近年来,奥地利、捷克、德国、匈牙利、荷兰、瑞典和瑞士的酒店协会创建了“饭店星级联盟”,2009 年该联盟发布了以德国星级标准为蓝本的酒店分级标准,自 2010 年 1 月开始在大部分欧洲国家推广实施。

第三方组织常指旅行批发商、旅行杂志、旅行网站和学术机构等。第三方组织实施分级往往带有其自身的商业目的,有的是为获得广告收入,有的是为其会员提供信息等。由第三方组织实施酒店分级的代表国家是美国,美国的酒店评级第三方组织有两个,一个是美国汽车协会对酒店实施“钻石”分级,另一个是《福布斯》杂志对酒店实施“星级”分级。

(2) 评级符号:星级是最常见的酒店分级符号,大部分酒店采用“星”的多少表示酒店的档次高低,其他酒店分级符号有“钻石”“梅花”等。

(3) 评级标准:西方发达国家依据本国基本情况制定的评级标准各不相同,但其中对五星级酒店的共性定位都体现在豪华和品位两个方面。从五星级酒店客房的设备设施要求看:美国标准的特点体现在新科技、新产品的应用,如影音系统的配置包括无线电话、平板电视、对接播放器等;英国标准的量化要求较低,但强调了空间布局,如要有充分的会客区域,保证房内用餐客人的舒适性;德国标准注重功能性,如写字台工作空间至少达到0.5 m^2,照明充足。综合来看,美国标准注重科技、英国标准注重空间布局、德国标准注重实用等方面都值得我国借鉴。

从五星级酒店客房的装修装饰要求看:各国标准均体现出豪华度要求,这是五星级饭店客房的基本要求。在隔声、遮光、布草和灯光等细节上豪华度的些许不足,就会显著影响五星级客房产品的品质。细微的差别表现在:美国标准突出了个性化和奢华的要求,如要求棉织品材质为埃及棉;英国标准对隔声和遮光提出了明确要求,如双层玻璃、"全黑"效果等;德国标准讲究形式、材料、色彩三者的和谐。

从五星级客房卫生间的设备设施要求看:美国、英国标准均将浴缸列为必备项目,仅德国标准认可配置浴缸或淋浴。而且美国、英国、德国将洗发液、沐浴液等客用消耗品列为必备项目,美国标准甚至还提出了个人护理用品10件套的要求。

2.1.2 我国酒店级别评定标准

(1) 评级主体:我国实施以政府为主导的酒店评级制度。

(2) 评级符号:星级以镀金五角星为符号,相应星级以相应数量的五角星代表,五颗白金五角星表示白金五星级。

(3) 评级标准:自1988年9月我国正式实施《中华人民共和国评定旅游(涉外)饭店星级的规定》(以下简称"星级标准"),对规范我国酒店行业发展、加快与国际接轨步伐、推动我国旅游业发展等方面发挥了重大作用,这项标准一直是我国评定酒店服务水平的最高标准。1993年星级标准进入国家标准序列,作为国家推荐性标准,这也标志着我国酒店业正式进入了星级酒店时代。伴随着经济发展、科技进步以及旅客出行要求的变化,星级标准经过1997年、2003年、2010年三次修订,最新版标准《旅游饭店星级的划分与评定》(GB/T 14308—2010)于2011年1月1日起正式实施,星级标准内容更加完善,更加适应行业发展,专业性和引领性更加突出。依据最新版星级标准规定,用星级的数量和设色表示酒店的等级。星级被分为一星级到五星级的五个等级(包含白金五星级),星级越高,表示酒店档次越高。

酒店开业一年后可申请星级,经过星评机构评定、批复后,享有五年有效的星级及其标志使用权;开业不足一年的可申请预备星级(预备星级作为星级的补充,其等级与星级相同,且有效期为一年)。

我国五星级酒店客房星评标准与美、英、德等酒店业发达国家的标准相一致,符合行业发展的规律,甚至在某些内容设置上具有一定的先进性和引领性,可见我国的星评标准已经达到了世界同类标准中先进水平,并随着时代发展而不断地完善。

经过30多年的实践检验,星级制度得到了行业、社会和国内外消费者的广泛认可。"星级”概念已经深入人心，在全社会已成为质量和档次的象征，甚至被引申应用于其他行业领域。

2.2 项目定位与设计策略

天禄湖国际大酒店项目建设标准拟定为五星级酒店，不仅体现其高品质和豪华度，而且体现绿色生态。如图 2-1 所示，项目建设位于泰州城市发展“一轴三极”新格局的“健康服务极”，为泰州“十四五”规划的重点建设项目。

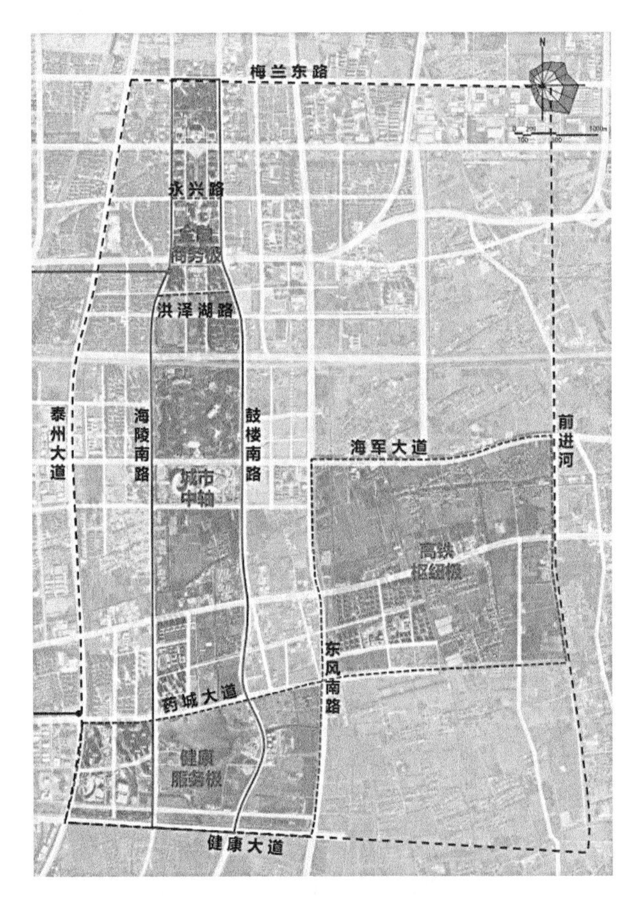

图 2-1　泰州城市发展“一轴三极”新格局示意图

2.2.1 项目定位

基于天禄湖国际大酒店项目优质的自然环境和特殊的区域服务需求，对该项目的三大定位是：①中国药城的形象展示窗口；②新城市民的运动休闲中心；③水城泰州的健康主题景区。

以该项目为服务基地，打造具有现代特征和苏中地域特点的高端组团式康体酒店服务群，基地内各种养生产品功能互补。酒店以服务泰州本地及周边地区的康体、疗养客群为主，同时兼顾旅游、观光、会议和宴会需求，打造包含温泉疗养、综合养生、中医调养、妇幼康乐、运动疗养和生态理疗等复合多样的养生理疗基地(图2-2)，引领健康生活新模式。

(a) 温泉疗养　(b) 综合养生　(c) 中医调养　(d) 妇幼康乐　(e) 运动疗养　(f) 生态理疗

图2-2　复合多样的养生理疗基地

如图2-3所示，项目建设与天禄湖自然环境融合，构建现代城市运动公园服务基地，体现五大养生系统结合：养生理疗与医治结合、养生理疗与运动结合、养生理疗与精神结合、养生理疗与饮食结合、养生理疗与居住结合。从而打造完善的养生理疗机制，充分发挥“健康服务极”的服务功能。

图 2-3 五大养生系统结合

2.2.2 设计策略

1) 项目功能设计策略

鉴于构建养生理疗基地的需求，项目设计服务于养生与理疗，以“养”为核心，设计相应的建筑活动空间，主要包括温泉疗养、生态理疗、中医调养、妇幼康乐、服务中心、综合配套和生活配套等建设用房。并且考虑与以“医”为核心的医疗小镇架构相对接(图 2-4)，从而形成“养＋医”结合的、高品质的泰州“健康服务极”。

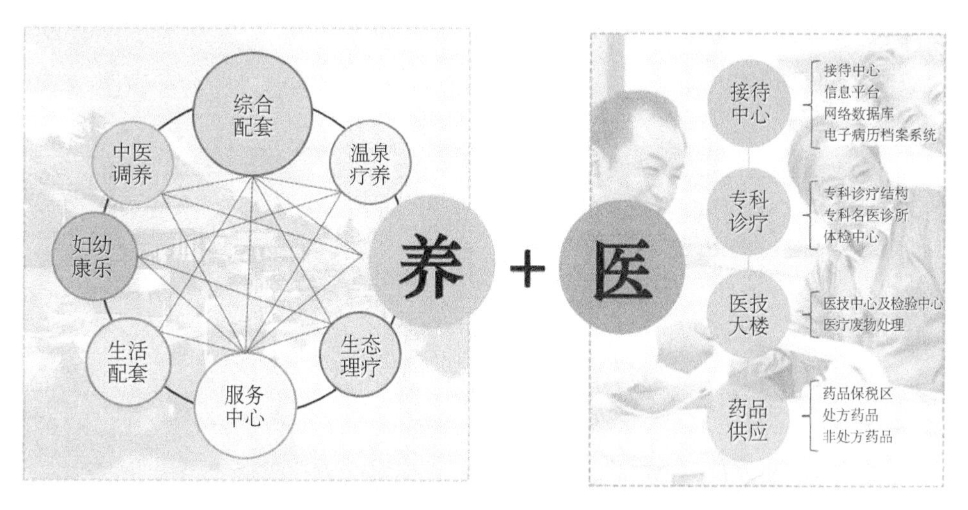

图 2-4　健康服务基地的“养＋医”设计架构示意图

2）项目建筑绿色设计策略

严格遵循《绿色建筑评价标准》(GB/T 50378)、《民用建筑绿色设计规范》(JGJ/T 229)、《公共建筑节能设计标准》(GB 50189)等国家、地方现行的法律、法规及相关标准和规定。在安全耐久、健康舒适、生活便利、资源节约、环境宜居和技术创新等方面都有充分考虑。

2.3　项目总平面设计

2.3.1　设计场地条件

本项目场地原为空地，地势平坦，场地第四纪松散沉积物分布广泛，地貌属长江中下游三角洲高沙平原地貌单元，根据区域地质资料，下伏基岩埋深大于 80 m。地面标高最大值 4.81 m，最小值 4.40 m，地表相对高差 0.41 m。场地地下水主要为潜水，场地内潜水主要赋存于①～⑨层土中，场地勘察所揭示地层均为透水层，勘察期间测得场地稳定水位 2.23～2.96 m(埋深：1.70～2.30 m)，初见水位与稳定水位基本一致。场地地下水主要由大气降水补给，受季节性影响很明显。地下水排泄方式主要为垂直蒸发，其次为呈水平方向径流(即由高处流向低处)，近年来最高地下水位达到地表。由于拟建区地基土层强度较好，厚度大，分布较均匀，无软土及液化砂(粉)土分布，工程地质条件较好，综合判别地基稳定性较好。

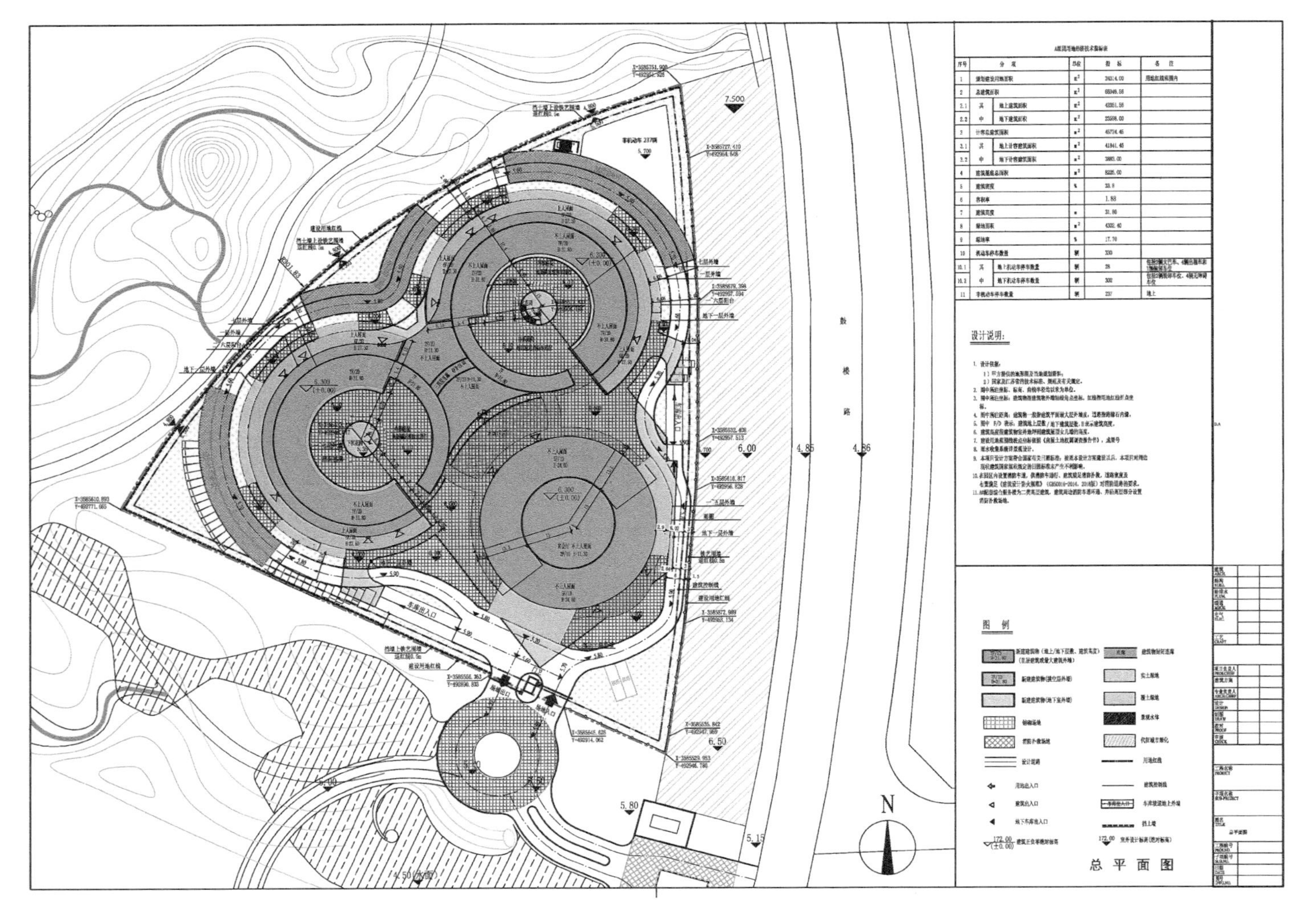

图 2-5 天禄湖国际大酒店总平面布置图

2.3.2 总平面布置

如图 2-5 所示，天禄湖国际大酒店建筑位于泰州养生理疗基地北区，东侧紧邻鼓楼路，西侧为天禄湖湖区景观。总建筑面积为 65 928 m^2，其中地下建筑面积为 23 598 m^2，地上建筑面积为 42 330 m^2。沿湖布置了两个高层塔楼，主要功能为客房；东侧一个多层圆楼为裙房部分，用于宴会、会议、餐饮和健身等功能。地下建筑为一层，其中西区为机动车库。中区为员工办公、餐厅和库房区；东区为设备机房。整体布局层次分明，客房区临近天禄湖，充分利用了天禄湖景观资源(图 2-6)。多层圆楼位于红线内东侧，靠近市政道路鼓楼路，交通便利。

图 2-6　天禄湖国际大酒店及其周边环境

2.3.3 竖向设计

根据鼓楼路平面及纵断面等市政道路资料可知，园区与市政道路的连接口处的标高分别为 5.15 m。园区与东湖区绿地相连接，连接处为绿地微地形相对低的地方，大部分标高为 4.8 m。用地红线内场地地势比较平坦，自然标高变化不大，最高标高为 4.8 m，最低标高为 4.0 m，大部分场地的标高为 4.4 m，没有明显的场地坡向。天禄湖常水位 3.5 m，历史最高水位 4.72 m；根据地勘资料可知，地下水位较高，为 2.23～2.96 m，埋深 1.70～2.30 m。综合考虑外部道路标高、周边环境标高、与市政道路的连接标高、场地内的自然标高、地下水位抗浮问题、结构埋深、防排洪问题、重力流管线接出问题、场地排水、地下工程的连接、室外管线的覆土厚度及土石方工程量节省等情况，建筑正负零标高定为 6.30 m，室外场地标高在 6.0 m 左右，室内外高差 0.3 m。

2.3.4 交通组织

如图 2-7 所示，交通组织常考虑两种模式的流线设计，即平时流线和宴会期间分流线。宴会人流和宾馆客流通过建筑首层出入口进出，楼梯、电梯为建筑内部主要的竖向交通。地块内侧设置一个场地出入口，包括两个机动车出入口和一个人行出入口。2 辆大巴车可同时在东南侧广场处停靠、落客。载客小客车可分别驶至客房区首层出入口和宴会区首层出入口落客，并通过场地内道路环通驶出场地；亦可通过东侧地下车库出入口驶入地下车库泊车，并从西侧地下车库出口驶出。厨房和后勤库房区的运货货车，通过东侧地下车库入口进入，在地下一层后勤库房区卸货或载货后，通过西侧地下车库出入口驶出。项目共设置机动车停车位 330 个，其中地下 302 个，包括 2 个装卸车位；地上 28 个，包括 4 辆出租车、2 辆大巴车和 1 个装卸车位。非机动车停车场设置在场地东北侧，可停非机动车 237 辆。

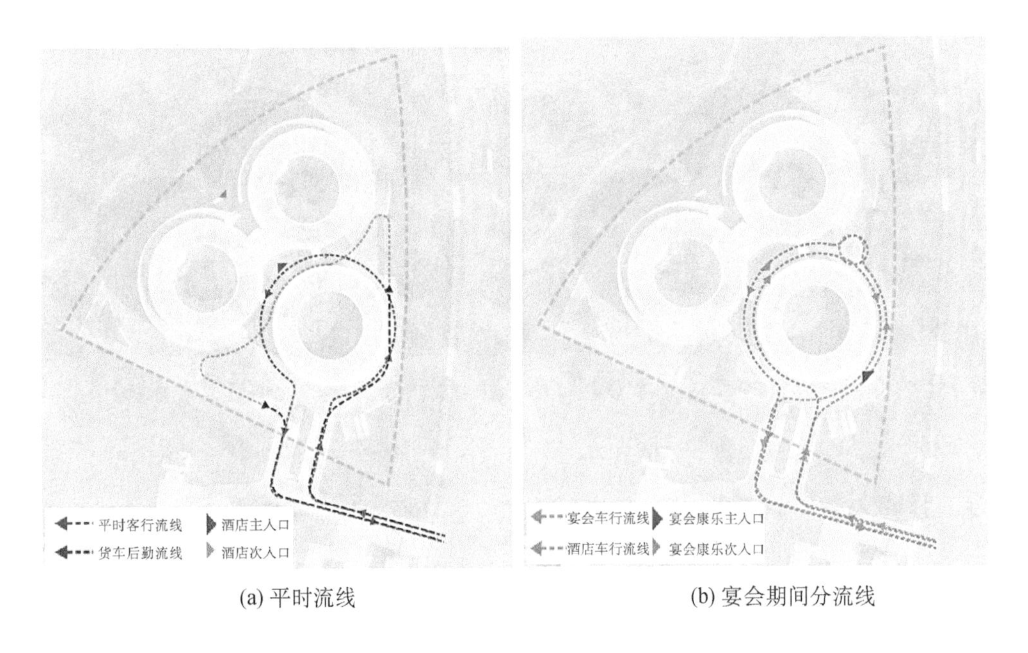

(a) 平时流线　　(b) 宴会期间分流线

图 2-7　交通组织流线设计

2.3.5 绿化景观设计

在绿化景观总平面设计中，如图 2-8 所示，充分考虑到建筑周边的景观条件，大量地使用庭院绿化、花园绿化，使得整座建筑生机勃勃，绿意盎然。西侧两个塔楼中，各设置一个庭院，形成尺度宜人且私密幽静的花园式景观，良好的视线和大面积的平台为人们的活动和休憩提供了极好的场地。场地内的景观设计，更注重创造不同类型的景观空间，满足了人们不同的使用需求，起到对天禄湖景观延续的作用。由于项目用地局促，区内所有道路均采取铺装方式，和景观一起取得更好的协调效果。

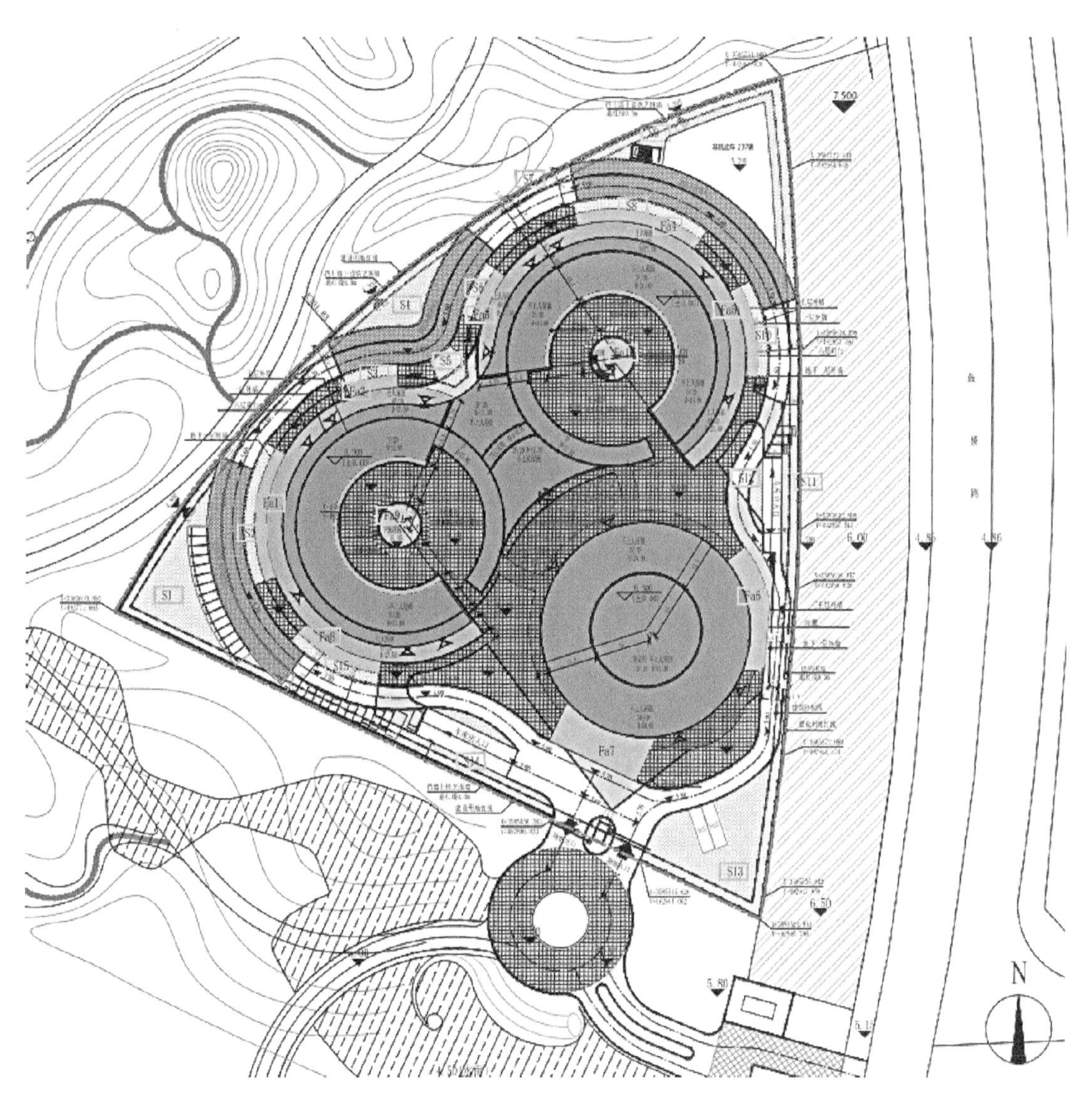

图 2-8　绿化总平面设计图

2.4 建筑专业设计

2.4.1 建筑功能布局设计

1) 地下功能分区

地下二层覆盖两个圆形范围(图 2-9),为机动车库及人防设施,建筑面积为 9 850 m^2。地下一层覆盖三个圆形范围(图 2-10),建筑面积为 13 748 m^2。其中:设置机动车库,建筑面积约 7 400.93 m^2;员工餐厅、办公空间,建筑面积约 2 108.63 m^2;后勤库房 573.70 m^2;厨房 1 108.39 m^2;设备机房 2 525.04 m^2。

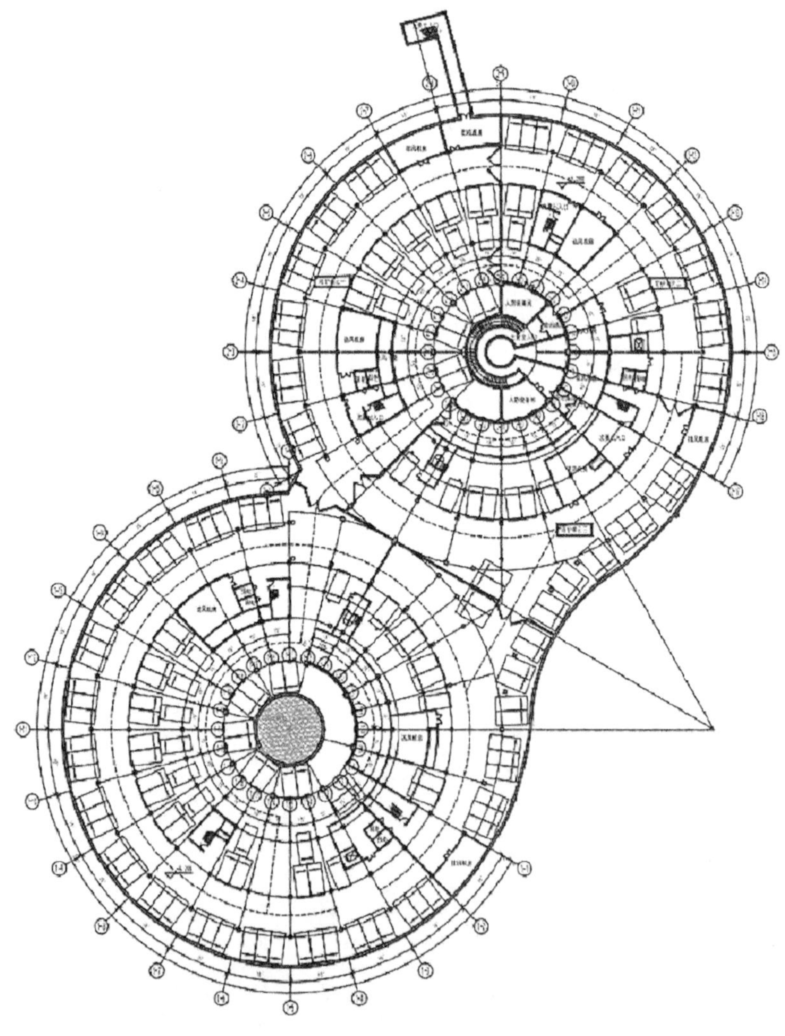

图 2-9 地下二层平面图

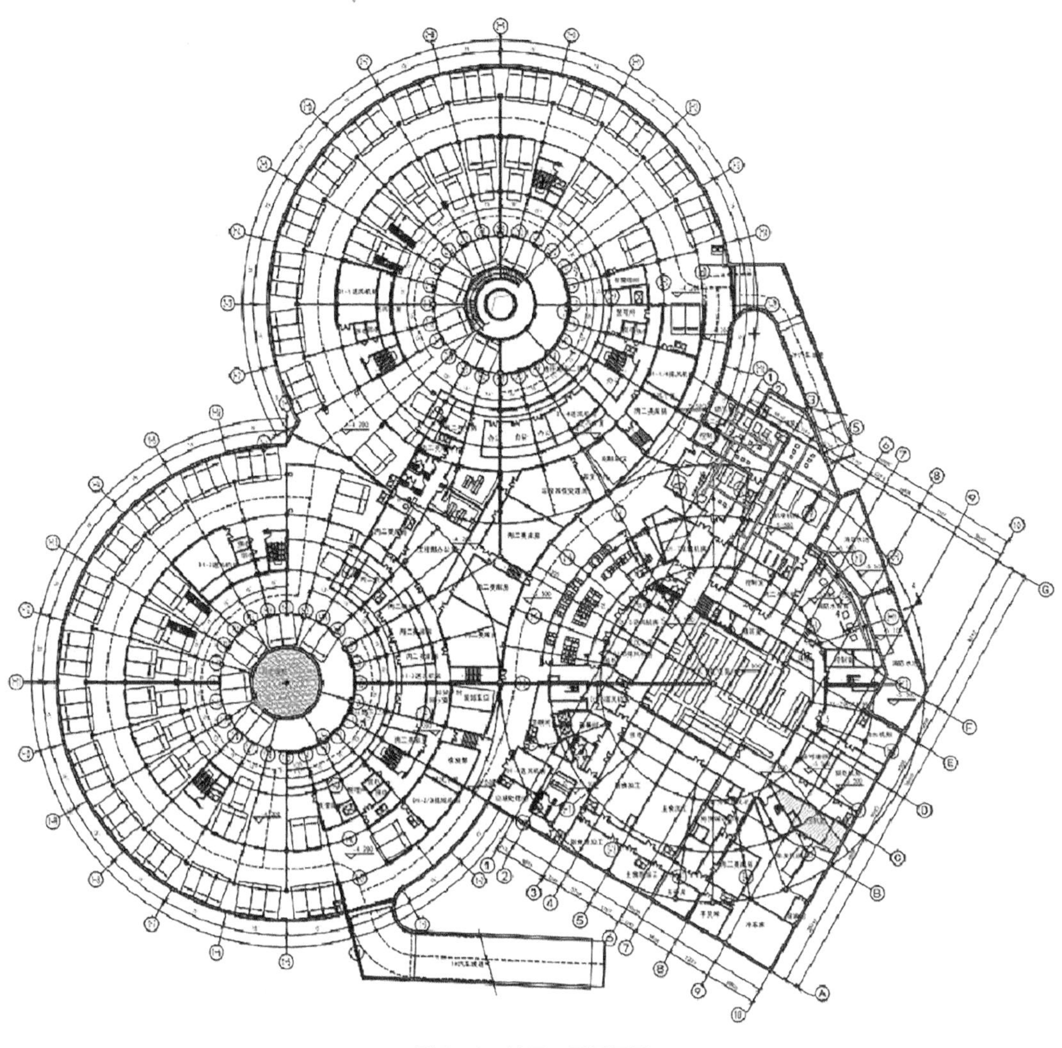

图 2-10　地下一层平面图

2) 地上功能分区

地上平面为三个圆形(图 2-11),通过中心圆环相互联系。圆环中心为开放的庭院景观,空间通透。建筑体量紧凑,三个圆环体量、功能分区明确。一层为门厅、大堂吧、中餐厅、西餐厅(早餐)、宴会厅、消防控制室和厨房等;二层为客房区、餐厅包间等;三层为客房区、会议室等;四层为客房区、康疗中心(含 SPA 会所、水疗和泳池等)等;五层为客房区、健身中心、美容美发等;六层为客房区、屋顶设备平台;七层为总统套房、行政酒廊;地下一层为地下车库、厨房、设备机房、后勤办公、后勤库房和员工餐厅等。

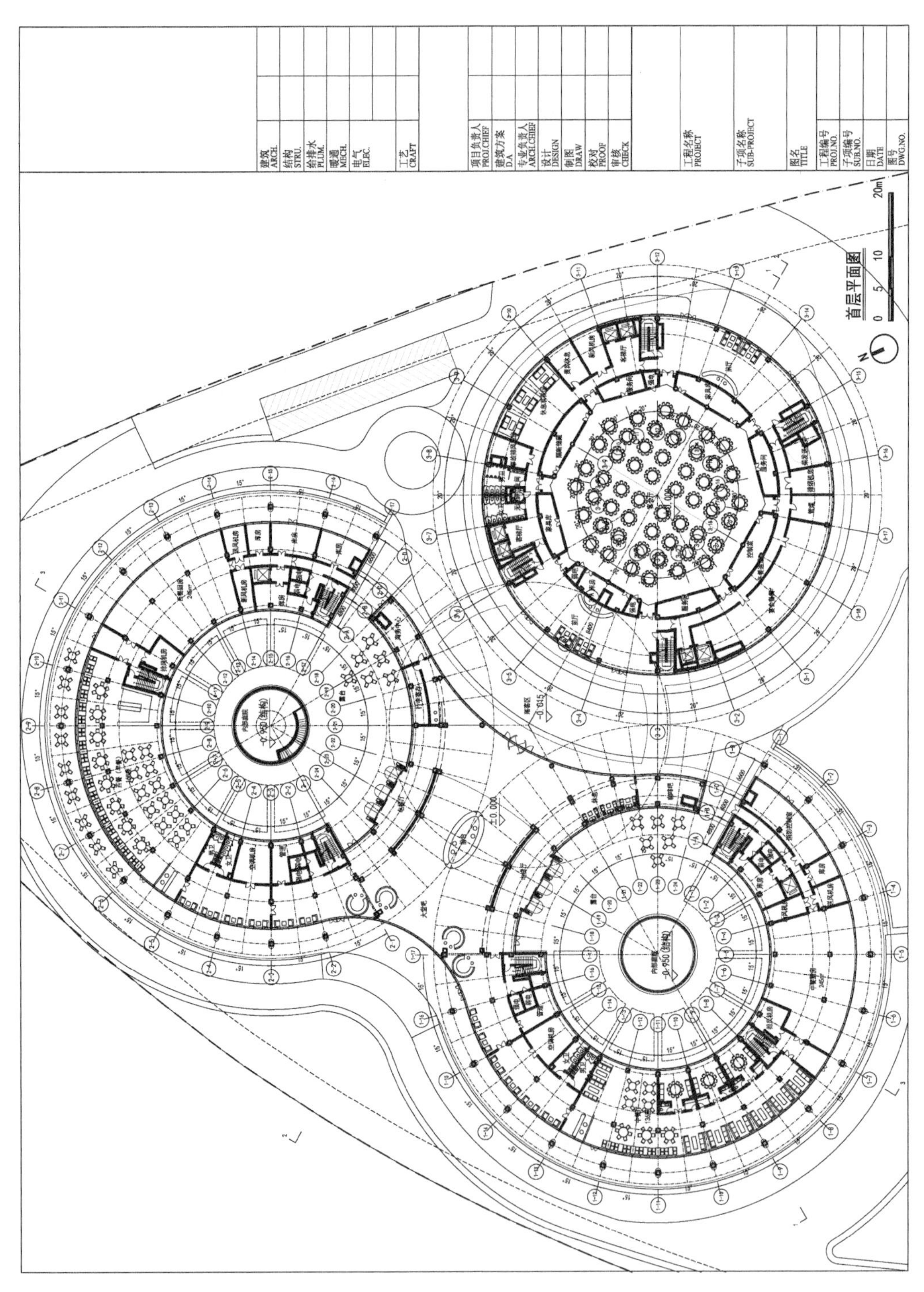

图 2-11 地上首层平面图

各层功能布局详见表 2-1。

表 2-1　建筑使用功能明细表

功能分区	楼层	面积(m²)	使用功能
地下建筑	地下二层	9 850	机动车库、人防
	地下一层	13 748	厨房、设备用房、机动车库、员工办公、员工餐厅及后勤库房
地上建筑	一层	8 164.31	大堂、中西餐厅、宴会厅及辅助用房
	夹层	415.67	设备管线
	二层	6 712.53	客房、餐饮及辅助用房
	三层	6 515.27	客房、会议及辅助用房
	四层	6 515.27	客房、康乐及辅助用房
	五层	6 286.94	客房、康乐及辅助用房
	六层	4 592.38	客房及辅助用房
	七层	3 018.78	总统套房、行政酒廊及辅助用房
	屋面层	108.85	设备、楼梯间

2.4.2　剖面设计

剖面的层高关系主要依据各功能空间的使用要求确定，建筑局部剖面如图 2-12 所示，各层层高关系详见表 2-2。

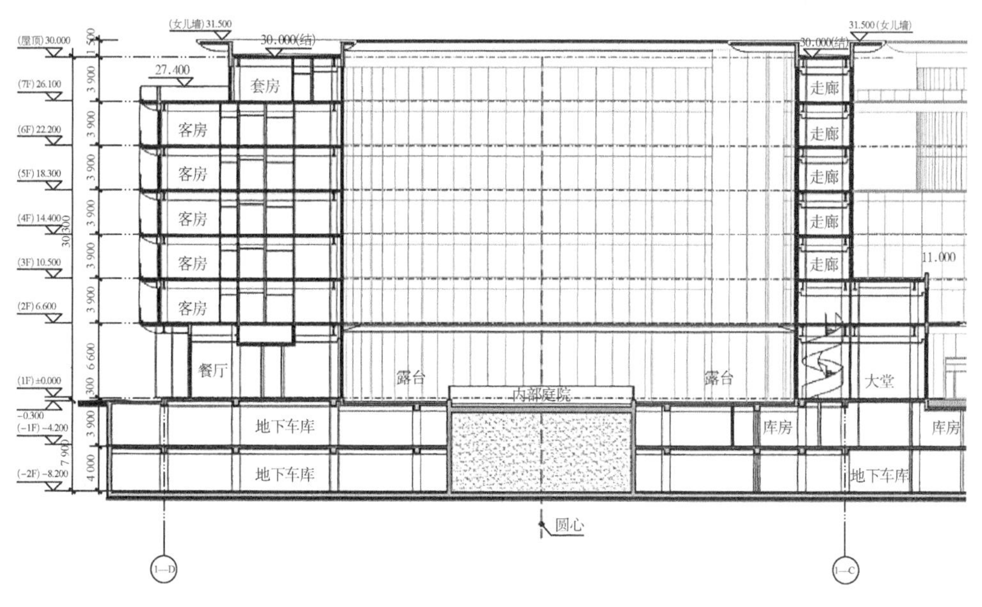

图 2-12　建筑局部剖面图

表 2-2 建筑剖面一览表

功能分区	楼层	层高(m)
地下	地下二层	4.0
	地下一层	4.2/5.5
地上	首层	6.6
	夹层	1.8
	二层～七层	3.9

2.4.3 室内交通组织

垂直交通以电梯和楼梯解决，共设有 10 部楼梯、14 部电梯，其中 10 部为客梯，4 部为货梯(包括 1 部厨房餐梯、1 部厨房污梯、2 部客房区货梯)。另设 2 部开敞弧形楼梯，满足首层大堂与二层休息平台区的竖向联系。客房区 2 部货梯，用于将库房区的洁具、客房用品等运至地上客房层，并将客房区污物运至地下后勤库房区。食梯、污梯，用于将食物从地下厨房运输至地上首层宴会厅、二层餐饮区，并将食余垃圾、碗碟等运输至地下。电梯技术参数详见表 2-3，具体位置分布详见二层平面电梯布置(图 2-13)。

表 2-3 电梯设置明细表

序号	电梯编号	用途	载重量/kg (人数/个)	速度 (m/s)	停站层	停站数	位置	台数 (台)
1	A1 - DT - 1 A1 - DT - 3	客梯	1 350(18)	1.5	L1～L7	7	A1 区	2
2	A1 - DT - 2	客梯	1 350(18)	1.5	B2～L7	9	A1 区	1
3	A1 - DT - 4	货梯	1 000(13)	1.5	B2～L7	9	A1 区	1
4	A2 - DT - 1 A2 - DT - 3	客梯	1 350(18)	1.5	L1～L7	7	A2 区	2
5	A2 - DT - 2	客梯	1 350(18)	1.5	B2～L7	9	A2 区	1
6	A2 - DT - 4	货梯	1 000(13)	1.5	B2～L7	9	A2 区	1
7	A3 - DT - 1 A3 - DT - 2	货梯	1 000(13)	1.5	B2～L5	6	A3 区	2
8	A3 - DT - 3 A3 - DT - 4	客梯	1 350(18)	1.5	L1～L5	5	A3 区	2
9	A3 - DT - 5 A3 - DT - 6	客梯	1 350(18)	1.5	L1～L3	3	A3 区	2
	合计							14

注:其中 A3 - DT - 1 为食梯，A3 - DT - 2 为污梯。

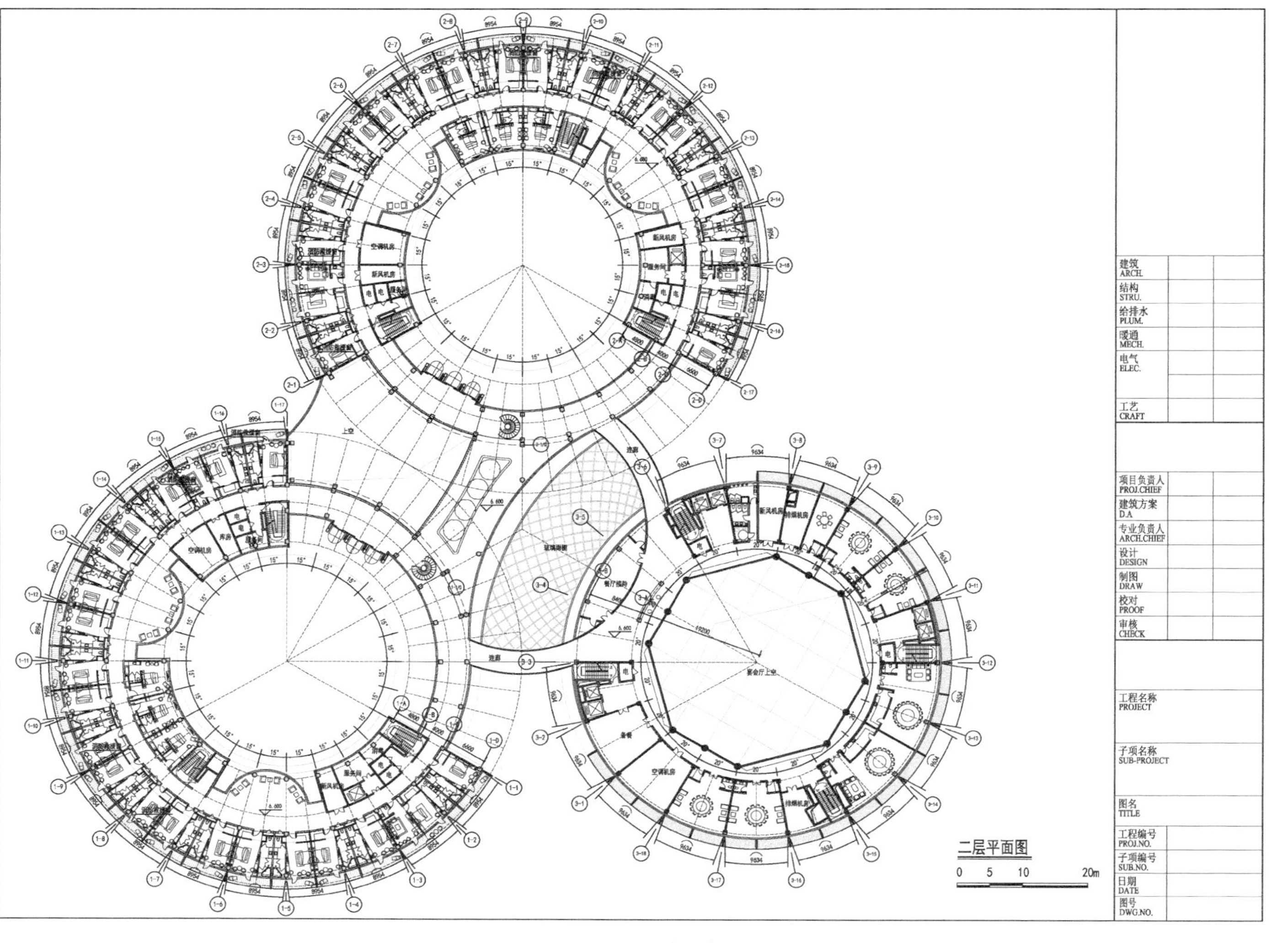

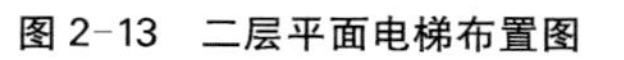
图 2-13　二层平面电梯布置图

2.4.4 外装修（幕墙）设计

1）幕墙工程主要设计内容

依据三个圆环的建筑造型，幕墙工程设计包括 A1 区、A2 区和 A3 区三个分区（图 2-14）。立面幕墙形式主要包括弧形干挂铝板墙面和玻璃幕墙两种。具体分布情况为：1F 大跨度竖明横隐玻璃幕墙（FS1），阳台明框玻璃幕墙（FS2），大面竖明横隐玻璃幕墙（FS3A，FS3B，FS4），防火玻璃幕墙（FS5），铝板幕墙（FS6A，FS6B，FS6C），玻璃栏板（FS7A，FS7B），金属格栅（FS8），观光电梯幕墙（FS9），铝型材包柱（FS10），铝型材隔断（FS11），格栅（FS12A，FS12B），玻璃雨篷（FS13），不锈钢幕墙（FS14），旋转门，不锈钢有框地弹门，铝合金平开门，幕墙总面积合计约 54 900 m^2。

图 2-14　幕墙外装饰建筑鸟瞰图

2）幕墙结构设计基本参数

（1）主体结构形式：钢框架结构，结构设计使用年限为 50 年；

（2）建筑高度：A1 区，A2 区＋33.800 m，A3 区＋25.800 m；

（3）基本风压：0.40 kN/m^2，基本雪压：0.35 kN/m^2；

（4）地面粗糙度类别：B 类；

（5）抗震设防烈度（地震加速度）：7 度（0.10g）；

（6）幕墙设计使用年限 25 年，预埋件及支撑结构设计使用年限 50 年。

3）幕墙设计原则

（1）安全性：根据建筑的结构特点及安装性质，设计以“安全第一”为原则，分别对建筑幕墙的横、竖龙骨及相关连接构造作了细致的计算，然后提交支座反力到负责主体结构设计的设计院进行结构校核。设计过程中对相关重点、难点均作了验算校核，确保幕墙龙骨、面板及其彼此连接构造均满足安全性要求。

(2) 经济性：充分理解建筑设计及业主的设计意图和项目定位要求，在不影响安全性和建筑美观效果的前提下，对幕墙面板和主要受力杆件进行了优化设计，对幕墙生产加工工艺性、现场安装工艺性进行优化，以提高生产效率、安装效率、材料经济性要求。

(3) 美观性：根据五星级酒店建筑设计形态、体量、材质、功能和性能要求，设计在确保满足原设计概念和效果的前提下，充分利用不同大小的金属线条、不同厚度金属面板、双曲面板成型要求等呈现建筑的外观效果，体现豪华高品质。

(4) 功能性：为满足建筑节能设计指标及绿建二星指标，在普通幕墙功能、性能的基础上引入室内外电动遮阳概念，并进一步提升五星级酒店的舒适性、智能化概念。

4) 新材料新工艺应用

(1) 全超白暖边充氩气低辐射(Low-E)钢化中空玻璃，玻璃型号选用“6 半钢化＋1.52PVB＋6LOW－E”(半钢化夹层双银)＋12Ar＋6 厚钢化透明玻璃。玻璃传热系数可达 1.50 $W/(m^2 \cdot K)$，太阳得热系数≤0.29，可见光透射比 0.50。

(2) 减反射镀膜玻璃：其主要功能是减少或消除玻璃表面的反射光，提升玻璃的透光率，使玻璃具有出色的视觉透视效果，透过玻璃观察物体时可最大限度地消除反射眩光的影响，使物体看上去更加清晰、色泽更加丰满。

(3) 双曲 4 mm 厚铝合金板：充分利用铝合金材质的延展性及蒙皮可拉伸性能，在保证塑性变形的基础上，确保变形后的铝板厚度仍然具有相当于 3 mm 铝板的刚度，保证成形后的双曲面铝板圆润、饱满、平滑过渡。

(4) 平面 3 mm 铝单板背衬压型铝板：充分利用 3 mm 国标铝板的可成型工艺性及平面压型铝板的面刚度特性，二者强力组合提高平面铝单板的表面平整度等级，确保外饰铝板面整体平整度满足效果要求。

(5) 耐候钢材 Q235NH 的使用：为满足绿建要求及项目整体的耐腐蚀使用年限，天禄湖国际大酒店建筑所有隐蔽位置连接构件均采用 Q235NH 钢，较常规 Q235B 结构钢耐腐蚀性能提高 4 倍。

(6) 电动外遮阳设备全部藏入阳台上方铝板吊顶内，属于不可视部分，遮阳帘片引导头则利用明框幕墙外侧装饰条凹槽作为导轨。电动外遮阳整体做隐藏式设计，不使用时与普通幕墙无异。通过在阳台外侧设置电动遮阳，方可满足设计院提供的建筑节能计算报告太阳得热系数指标要求以及国标《绿色建筑评价标准》(GB/T 50378—2019)的相关要求。

5) 关键部位的幕墙设计效果

(1) A1 区和 A2 区外圈立面幕墙(图 2-15)：主要包括首层减反射玻璃幕墙、首层铝合金型材包柱、阳台明框玻璃幕墙、铝型材隔断、透明玻璃栏板和檐口 4 mm 双曲铝板等设计内容。

图 2-15　A1 区和 A2 区外圈立面幕墙

（2）A1 区和 A2 区外圈出入口幕墙（图 2-16）：主要包括首层铝合金型材包柱、二层铝板雨篷、阳台明框玻璃幕墙、铝型材隔断、透明玻璃栏板、檐口 4 mm 双曲铝板和绿建外遮阳等设计内容。

图 2-16　A1 区和 A2 区外圈出入口幕墙

(3) A1 区和 A2 区内圈立面幕墙(图 2-17):主要包括首层减反射玻璃幕墙、内圈立面玻璃幕墙、观光电梯幕墙和檐口 4 mm 双曲铝板等设计内容。

图 2-17　A1 区和 A2 区内圈立面幕墙

(4) A1 区和 A2 区内圈共享空间幕墙(图 2-18):主要包括首层减反射玻璃幕墙、大厅不锈钢门套、3 mm 铝板幕墙和玻璃雨篷等设计内容。

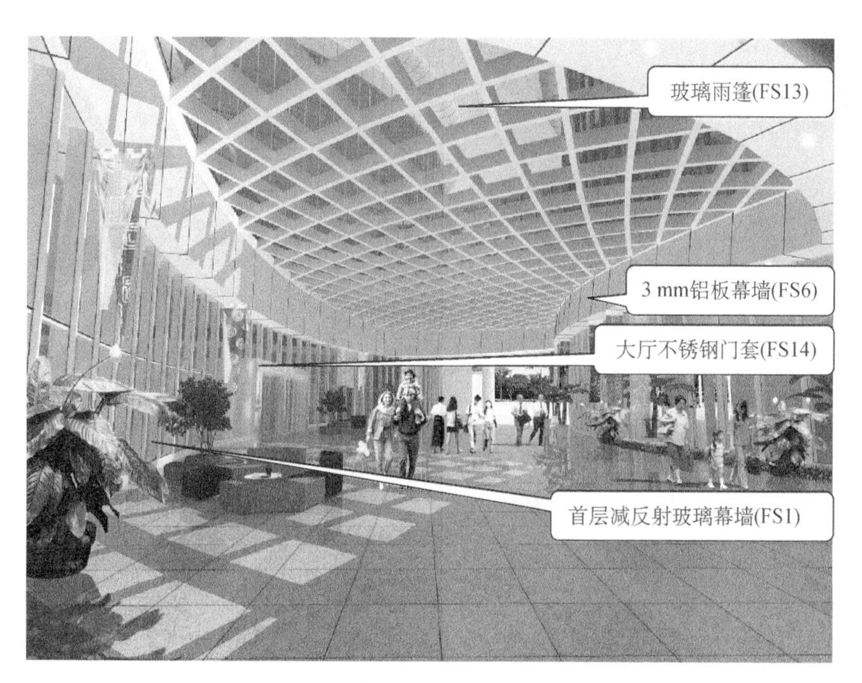

图 2-18　A1 区和 A2 区内圈共享空间幕墙

(5) A3区外圈立面幕墙(图2-19):主要包括首层减反射玻璃幕墙、旋转门、雨篷4 mm双曲铝板、玻璃幕墙、金属格栅和檐口4 mm双曲铝板等设计内容。

图2-19 A3区外圈立面幕墙

2.4.5 建筑环境噪声控制

1) 设备电气机房隔声材料选择及构造做法

(1) 空调机房、通风机房、泵房及换热机房等设备噪声较大的房间均采取吸声降噪措施。

(2) 机械设备、电气的设备基础均应设置减振构造。

(3) 屋顶的设备基础与屋面间应设置减振构造。

(4) 建筑屋顶的设备应设置隔声措施,以减少对周围建筑及环境的影响和干扰。

2) 土建对噪声控制设计

(1) 设备及电器等机房设置相对集中,对有噪声和振动的设备用房应采取隔声、隔振和吸声的措施,并对设备和管道采取减振、消声处理,以避免对办公等主要用房的干扰。

(2) 屋面设备重量较轻的设备基础与屋面间设置隔离层以减少设备振动对屋面结构的干扰;设备较重的设备基础(如冷却塔等)应与屋面结构直接相连,局部结构板加厚,并在设备与设备基础之间设置减振器,以减少对下层的干扰影响。

(3) 设有吊顶的房间,应将隔墙砌至梁、板底面,避免相互间的噪声干扰。

(4) 建筑内的轻质隔墙应满足室内允许噪声级、空气声隔声及撞击声隔声中相关的一级规定和要求。

2.4.6 无障碍设计

1）设计标准

天禄湖国际大酒店项目无障碍设施设计标准参照《无障碍设计规范》(GB 50763—2012)。根据无障碍设计规范及标准的要求，建筑室外场地、出入口及内部公共空间等部位配置有无障碍设施，满足公共场所无障碍通达的要求。

2）出入口

三个圆环形单体建筑对外使用的出入口平台处的大门内外地面高差控制在 15 mm 以下。建筑主要出入口设无障碍入口，采用坡度 1∶50 的地面缓坡坡向周围场地。大厅主要出入口采用自动感应门，一层主要入口大门设有满足残疾人使用要求的门把手及专用扶手，并在出入口处设有专门管理人员和提示牌。出入口前设有盲道及提示盲道，并与室外道路的盲道系统无缝连接。

3）室外道路

建筑项目场地内建筑与室外道路均能通过 1∶20 坡度的坡道连接。且室外道路满足无障碍通行要求。园区内室外环路一侧人行道内设置行进盲道，建筑物出入口、道路转弯处及高差变化坡道起止处设置提示盲道。场地内盲道系统与场地外城市道路盲道无缝连接。

4）停车设施

天禄湖国际大酒店项目地上设置停车区，地下室集中设置停车场，按 1%比例配置残疾人专用停车位 2 辆，并设置残疾人专用标志，位置分别位于场地出入口附近和靠近地下车库出入口、电梯厅一侧的交通便利处。无障碍停车位的地面应平整、坚固和不积水，地面坡度不应大于 1∶50。无障碍车位一侧，应设宽度不小于 1.2 m 的轮椅坡道，车位地面应涂有停车线、轮椅通道线和无障碍标志，残疾人停车位的近端宜设无障碍标志牌。

5）室内垂直交通

建筑内设有分区分组的电梯系统作为主要的垂直交通。平面布局中交通核心部位的电梯设置 3 部无障碍电梯。无障碍电梯的候梯厅深度大于轿厢深度的 1.5 倍且大于 1.8 m，呼梯按钮和梯内选层按钮高度不低于 0.9 m 且不大于 1.1 m，所有按钮表面设盲文提示，轿厢深度不小于 1.4 m，宽度不小于 1.6 m，轿厢正面 0.9 m 以上为镜面，轿厢内设有 0.8 m 高的扶手栏杆，梯门净宽 1.10 m。梯门前地面设置提示盲道，电梯每层设有层显，电梯厅每层设楼层标志。电梯运行中开关门、到站、上下行均设置语音提示系统。

6）室内水平交通

建筑内水平交通为大厅楼地面和各层走道，水平通达每层各处公共空间。室内走道楼地面采用平整、光洁、防滑的花岗岩地面或橡胶地面。各层走道宽度均大于 1.8 m 以上，走道转弯处阳角设置成品弧形护角。人行通路使用不同材料铺设的地面应相互取平，如有高差，不应大于 15 mm，并应以斜面过渡。人行通道和建筑入口的雨水箅子不得高出地面，其孔洞不得大于 15 mm×15 mm。

7）专用卫生间

建筑首层设置有专用无障碍卫生间，供内部办公人员和外来办事人员使用。首层东南侧卫生间内设置无障碍厕位，供公众使用。卫生间门为外平开门，宽度≥0.9 m，开门把手一侧留有不小于 0.5 m 宽的墙面，门扇下方安装高度 0.35 m 的护门板。门扇应安装开启力度轻柔的合页。专用卫生间不小于 2.00 m×2.00 m，设洗手盆和座便器，附设长宽高为 0.80 m×0.50 m×0.60 m 的木质放物台和高 1.2 m 的挂衣钩。卫生间内距洗手盆前缘和两侧 50 mm 设安全抓杆，洗手盆前设有不小于 1.20 m×0.80 m 的乘轮椅者使用空间。座便器高度 0.45 m，两侧设置高 0.70 m 安全抓杆，一侧墙面加设高 1.40 m 的垂直抓杆。座便器附近墙面距地面高 0.45 m 处设置求救呼叫按钮。

8）室内公用服务设施

大厅内公共服务设施，如服务台、餐厅取餐台、饮水设施等应满足无障碍使用要求。且所有公共服务设施区域设有满足残疾人使用要求的专用柜台及提示标识。各层设置无障碍设施的位置，均设有国际通用的无障碍标志牌。

9）门

公共建筑门应采用净宽≥1.0 m 的自动门或净宽≥0.85 m 的平开门（推拉门），平开门（推拉门）在门把手一侧的墙面，留有≥0.5 m 的墙面宽度。门扇安装有横执把手和关门拉手，门扇的下方安装有高 0.35 m 的护门板，并安装视线观察玻璃。门扇应在单手操纵下易于开启，门槛高度及门内外高差不应大于 15 mm，并应以斜面过渡。

2.5 结构专业设计

2.5.1 结构设计概况

天禄湖国际大酒店项目位于泰州养生理疗基地内的北侧。使用功能为疗养人员家属住宿、餐饮娱乐、对外宴会接待等，建筑工程性质为宾馆。总建筑面积为 65 928 m^2，其中地上建筑面积 42 330 m^2，地下建筑面积 23 598 m^2。项目地上分为 A1、A2、A3 三个单体。A1 和 A2 地上 7 层，首层层高 6.6 m，二至七层层高 3.9 m，结构高度 30.00 m。A3 地上 5 层，首层层高 6.6 m，二至五层层高 3.9 m，结构高度 22.20 m。地下设置两层地下室，功能为设备机房、机动车库和人防。A1 和 A2 范围下层高 4.2 m，A3 范围下层高 5.5 m。建筑 ±0.00 m 对应的绝对标高为 6.300 m。

2.5.2 建筑分类等级

1）建筑结构的安全等级

依据《建筑结构可靠性设计统一标准》(GB 50068—2018)第 3.2.1 条，建筑结构的安全等级设为二级(破坏后果严重的一般房屋)。

2）地基基础设计等级

依据《建筑地基基础设计规范》(GB 50007—2011)第 3.0.1 条之规定，地基基础设计等级为丙级。

3）建筑抗震设防类别

依据《建筑工程抗震设防分类标准》(GB 50223—2008)第 3.0.2 条之规定，建筑抗震设防类别为标准设防类。

4）钢筋混凝土结构抗震等级

(1) A1 和 A2 区：采用钢框架结构体系。楼(屋)面采用主次梁结构。楼板拟采用钢梁上的现浇钢筋桁架楼承板。嵌固层为首层楼板。框架抗震等级为四级。

(2) A3 区：采用钢框架结构体系。楼(屋)面采用主次梁结构。楼板拟采用钢梁上现浇钢筋桁架楼承板。嵌固层为首层楼板。框架抗震等级为四级。

(3) 地下室部分：采用框架结构体系。楼(屋)面采用主次梁结构。框架抗震等级为四级。

5）地下室防水等级

依据《地下工程防水技术规范》(GB 50108—2008)第 3.2.2 条之规定，地下室防水等级为二级。

6）建筑耐火等级

依据《建筑设计防火规范》(GB 50016—2014)之规定，地下室耐火等级为一级，地上建筑耐火等级为二级。

7）人防等级

地下二层人防区，战时为核六常六人防物资库，平时为汽车库。

2.5.3 主要荷载（作用）取值

天禄湖国际大酒店项目的楼(屋)面活荷载、特殊设备荷载取值如表 2-4 所示。

表 2-4　结构设计楼(屋)面活荷载取值表

序号	部位	功能区域	荷载取值(kN/m^2)
1	地上	办公、会议	2.0
2		住宿	2.0

续 表

序号	部位	功能区域	荷载取值(kN/m²)
3	地上	礼堂、多功能厅、宴会厅	3.5
4		楼梯间	3.5
5		走廊	2.5
6		厨房	4.0
7		餐厅、休闲	2.5
8		门厅、入口	2.5
9		设备机房	7.0
10		屋面活荷载(上人)	2.0
11		屋面活荷载(不上人)	0.5
12	地下室	汽车通道及停车库	4.0
13		设备机房	7.0
14		消防车荷载	20.0
15		人防部分	根据《人民防空地下室设计规范》(GB 50038—2005),按核六常六进行取值

2.5.4 上部及地下室结构设计

1) 伸缩缝、沉降缝和防震缝的设置

天禄湖国际大酒店项目地下室及基础底板不设缝。地上部分在A1楼和A2楼与首层大厅的边界设置了两道防震缝,兼作伸缩缝,缝宽150 mm。二层以上A1、A2、A3楼通过三个连廊连接,连廊一侧设置固定铰支座,一侧设置可滑动铰支座。

2) 上部及地下室结构选型及结构布置说明

地上部分:采用钢框架结构体系。楼(屋)面采用主次梁结构。楼板拟采用钢梁上的现浇钢筋桁架楼承板。嵌固层为首层楼板。

地下室部分:采用框架结构体系。楼(屋)面采用主次梁结构。

3) 关键技术问题的解决方法

(1) 建筑工程地下室底板、外墙及地下室顶板长向长度接近150 m,属于超长结构,由于功能要求,地下室无法分缝,采取如下措施:结构自基础至地下室顶板,设置若干道后浇带以解决混凝土收缩带来的影响。后浇带间距30～40 m;基础、外墙及地下室顶板设置通长温度钢筋。结构混凝土掺加微膨胀剂。

(2) A3楼宴会厅的二层顶板跨度31.6 m,且需要做钢筋混凝土重型屋面,采用如下措施:设置钢与混凝土的组合梁,且双向交叉垂直布置。

2.5.5　地基基础设计

经综合比选并结合勘察报告建议，天禄湖国际大酒店工程基础形式如下：项目基础采用桩筏基础，桩端持力层暂按位于第 8 层粉细砂层。A1 及 A2 区基底标高主要位于第 3 层粉砂（局部位于第 4 层粉砂）层；A3 区基底标高主要位于第 3 层粉砂层。A1 区及 A2 区基础底板板顶平齐。A3 区地下仅一层，底板板顶平齐。地下室底板、外墙、覆土的地下室顶板的防水等级为 P6。

2.5.6　结构分析的主要结果

天禄湖国际大酒店工程采用盈建科建筑结构计算软件 YJK（2.0.0）进行分析设计。考虑结构均嵌固于首层楼面，A1/A2 区结构计算结果如表 2-5 和表 2-6 所示，A3 区结构计算结果如表 2-7 和表 2-8 所示。

表 2-5　A1/A2 区塔楼结构自振周期（选取前 6 个振型）

振型	1	2	3	4	5	6
周期(s)	1.94	1.87	1.67	0.62	0.59	0.55
平动系数	0.04+0.75	0.91+0.08	0.05+0.18	0.06+0.69	0.88+0.11	0.05+0.20
扭转系数	0.21	0.01	0.77	0.24	0.01	0.75

表 2-6　A1/A2 区塔楼结构主要控制参数

作用方向	*X*	*Y*
楼层最小剪重比	2.74%	2.42%
有效质量系数	95.46%	95.38%
规定地震力下楼层最大位移与该楼层平均位移的比值	1.19	1.23
规定地震力下楼层最大层间位移与该楼层平均层间位移的比值	1.19	1.24
楼层层间最大位移与层高之比的最大值	1/451	1/419
结构侧移刚度比（RATX1 及 RATY1）最小值	1.00(7 层)	1.00(7 层)
楼层受剪承载力比值最小值	0.87(1 层)	0.87(1 层)

表 2-7　A3 区塔楼结构自振周期（选取前 6 个振型）

振型	1	2	3	4	5	6
周期(s)	1.59	1.52	1.25	0.54	0.53	0.41
平动系数	0.73+0.27	0.24+0.62	0.04+0.12	0.65+0.34	0.32+0.58	0.02+0.07
扭转系数	0.00	0.14	0.84	0.00	0.09	0.90

表 2-8　A3 区塔楼结构主要控制参数

作用方向	X	Y
楼层最小剪重比	3.314%	3.199%
有效质量系数	99.85%	99.94%
规定地震力下楼层最大位移与该楼层平均位移的比值	1.14	1.21
规定地震力下楼层最大层间位移与该楼层平均层间位移的比值	1.14	1.23
楼层层间最大位移与层高之比的最大值	1/435	1/433
结构侧移刚度比(RATX1 及 RATY1)最小值	1.295 8(1 层)	1.256 5(1 层)
楼层受剪承载力比值最小值	0.82(1 层)	0.82(1 层)

2.6 暖通专业设计

暖通空调系统是酒店建筑中的重要设施系统，在确保酒店正常运行方面发挥着重要作用。暖通空调系统既是为酒店使用者提供健康舒适室内环境的重要保障，又是酒店中重要的用能系统。而且对于后疫情时代，如何设计更为安全、健康、舒适的绿色酒店室内环境是对暖通空调系统设计提出的新挑战。天禄湖国际大酒店项目的暖通专业设计主要包括冷热源系统、供暖系统、通风系统、空调系统、防排烟系统和自动控制系统等内容。

2.6.1 室内外设计计算参数

1) 室外空气计算参数

室外空气计算参数按项目所在地规范中的气象参数取值，因缺少泰州地区的相关参数，故而参考邻近城市的设计计算参数。如表 2-9 所示，天禄湖国际大酒店项目室外空气计算参数参考常州地区的相关参数进行计算。

表 2-9　室外空气计算参数(参考常州地区)

序号	计算参数	取值
1	供暖室外计算温度	−1.2℃
2	冬季通风室外计算温度	3.1℃
3	冬季空气调节室外计算温度	−3.5℃
4	冬季空气调节室外计算相对湿度	75%
5	夏季空气调节室外计算干球温度	34.6℃
6	夏季空气调节室外计算湿球温度	28.1℃
7	夏季通风室外计算温度	31.3℃

续 表

序号	计算参数	取值
8	夏季通风室外计算相对湿度	68%
9	夏季空调室外计算日平均温度	31.5℃
10	夏季室外平均风速	2.81 m/s
11	冬季室外平均风速	2.4 m/s
12	最大冻土深度	660 mm
13	冬季大气压力	1 026.10 hPa
14	夏季大气压力	1 005.30 hPa

2）室内设计参数

在不同酒店管理公司的设计标准中，室内空气设计参数的选择都略有不同，经综合比较，参考江苏境内五星级酒店常用参数，天禄湖国际大酒店项目主要功能空间的室内设计参数如表 2-10 所示。

表 2-10　室内设计参数

房间名称	夏季		冬季		风速	新风量	噪声标准
	温度（℃）	相对湿度	温度（℃）	相对湿度	（m/s）	（m³/h・人）	[dB(A)]
客房	26	≤65%	20	≥30%	≤0.2	50	≤40
宴会厅	26	≤65%	20	≥30%	≤0.2	30	≤50
餐厅	26	≤65%	20	≥30%	≤0.2	25	≤50
休息厅、大堂	26	≤65%	18	≥30%	≤0.2	10	≤50
会议室	26	≤65%	18	≥30%	≤0.2	30	≤45
商务中心	26	≤65%	18	≥30%	≤0.2	30	≤40
健身中心	26	≤65%	18	≥30%	≤0.2	30	≤50
办公室	26	≤65%	18	≥30%	≤0.2	30	≤40
游泳池	27	—	27	—	≤0.2	30	≤40
备餐	26	≤65%	18	≥30%	≤0.2	20	≤40
员工餐厅	26	≤65%	18	—	≤0.2	25	≤40
包间	26	≤65%	18	≥30%	≤0.2	25	≤40
客房卫生间	26	≤65%	25	≥30%	≤0.2	—	≤40
走道	26	≤65%	18	≥30%	≤0.2	—	≤40
公共卫生间	26	≤65%	18	≥30%	≤0.2	—	≤40
控制室	26	≤65%	18	—	≤0.2	30	≤40
办公室（地下一层）	26	≤65%	18	—	≤0.2	20	≤40

2.6.2 冷热源方案

依据计算分析，天禄湖国际大酒店工程总冷负荷约为 3 371 kW，单位空调面积冷负荷指标为 106 W/m²；总热负荷约为 2 665 kW，单位空调面积热负荷指标为 84 W/m²。

1）热源

冬季采暖热源为地下一层锅炉房内设置 4 台低氮模块锅炉。单台锅炉的额定供热量为 638 kW。锅炉的热效率为 95%，供回水温度 85℃～60℃；锅炉燃料为市政天然气，燃气调压箱设置在室外。

2）冷源

空调系统夏季集中冷源设置在地下一层制冷机房内，选用 2 台高效离心式冷水机组，机组采用 R134a 环保制冷剂，制冷机单台制冷量为 1 758 kW，标准工况下能效比为 6.1，冷冻水供回水温度 12℃～7℃。冷冻水系统设置 3 台循环水泵，其中 1 台为备用。冷却塔安装在六层设备平台，选用 2 台方形横流式冷却塔，冷却水供回水温度为 37℃～32℃，系统设置 3 台循环泵，其中 1 台为备用。

3）系统的补水定压

（1）空调冷热水：自来水（管道上安装水表及倒流防止器）经过全自动钠离子交换器进行软化处理后进入补水箱，通过补水泵（一用一备）和定压罐实现系统的定压和补水，系统超压时的泄水直接排入补水箱。

（2）空调冷却水：采用自来水（管道上安装水表及倒流防止器）直接补水，系统循环水管路上安装全程电子水处理设备对冷却水进行处理。冷凝器处设置胶球自动在线清洗装置，长期有效地降低冷凝器的污垢热阻，保持热效率不降低。

2.6.3 空调、通风系统

1）风机盘管加新风系统

天禄湖国际大酒店工程除宴会厅、大堂、游泳池、中餐厅和西餐（早餐）以外，其他所有房间均采用风机盘管加新风系统的空调方式。新风机组主要功能段包括：入口段、过滤段、转轮热回收段、电子净化段、冷热水盘管段、加湿段和风机段。新风机组按照防火分区进行分层设置，风机盘管均为卧式暗装，在新风机房内设置带集中热回收的新风机组。风机盘管负担室内负荷，新风机组负担新风负荷。

2）全空气系统

宴会厅、大堂、游泳池、中餐厅和西餐（早餐）设置全空气定风量系统。选用组合式空调机组（主要功能段包括：入口段、过滤段、电子净化段、冷热水盘管段、加湿段和风机段）。机组运行时，根据室内人员数量及室外气象参数控制新回风比例，过渡季节采用全室外新风送入室内。

3) 空气净化措施

为保证室内空气品质采取空气净化措施：所有新风机组、空调机组、风机盘管均设置电子净化装置。

4) 通风系统

(1) 卫生间设置机械排风系统，排风量按照 12 次/h 换气次数计算。

(2) 制冷机房设置平时通风和事故通风系统，平时通风量按照 6 次/h 换气计算，事故排风按照 12 次/h 换气计算。

(3) 锅炉房平时排风量按 12 次/h 气计算，送风量按排风量与燃烧空气量之和计算；事故通风量按 12 次/h 换气计算，事故排风机选用防爆型。

(4) 燃气表间独立设置平时通风系统和事故排风系统，事故排风通风量按照 12 次/h 换气计算，平时通风量按照 6 次/h 换气计算，事故风机选用防爆型。

(5) 变配电室设置独立的机械排风系统兼事故排风系统(为气体灭火后排风)，通风量按照 12 次/h 换气计算。事故排风机室内外设双开关，且直接排出室外。

(6) 泳池通风按照泳池水面散湿量计算。

(7) 柴油发电机房设置独立的机械送排风系统，其排风量按照产品要求设计，送风量为排风量与机组燃烧所需空气量之和，烟气通过烟道引至屋顶高空排放。储油间的排风量按照 12 次/h 换气计算。

(8) 垃圾处理站排风量按照 10 次换气/h 计算。

(9) 其他的设备用房均设置了机械送排风系统。气瓶间通风量按照 6 次/h 换气计算，热水机房、给水机房、消防水泵房、弱电机房和信号增强机房通风量按照 6 次/h 计算。

(10) 汽车库按照防火分区设置独立的机械送排风系统，送风量按 5 次/h 换气计算，排风量按 6 次/h 换气计算。

2.6.4 防排烟系统

1) 防烟系统

封闭楼梯间均设置机械防烟系统。封闭楼梯间采用自垂百叶风口，每 2～3 层设置一个风口。并按《建筑防烟排烟系统技术标准》(GB 51251—2017)中第 3.3.11 条设置固定窗。控制方式如下：

(1) 加压送风机的启动应符合下列要求：送风机现场手动启动，通过火灾自动报警系统联动启动，消防控制室内手动启动，系统中任一常闭加压送风口开启时，加压风机联动启动。

(2) 防火分区内火灾确认后，在 15 s 内开启该防火分区楼梯间的全部加压送风机，并开启防火分区内着火层及其相邻上、下层前室及合用前室的常闭送风口，同时开启加压送风机。

(3) 消防控制室能够显示加压送风机及电控风阀、风口等设施的启闭状态。

2) 排烟及补风系统

地下车库采用机械排烟系统，排烟量按照 6 次换气/h，补风量按照 5 次换气/h 计算。计算排烟量不小于《汽车库、修车库、停车场设计防火规范》(GB 50067—2014)中的规定，并设补风系统，补风量不小于排烟量的 50%。宴会厅、大堂排烟量按照《建筑防烟排烟系统技术标准》(GB 51251—2017)中第 4.6.3 条第 2 款计算。地下、地上建筑内的无窗房间，单个面积大于 50 m^2 或总面积大于 200 m^2 的房间均设计机械排烟系统。面积小于 50 m^2 的房间通过走道排烟，面积大于 50 m^2 的房间排烟量按《建筑防烟排烟系统技术标准》(GB 51251—2017)中第 4.6.3 条第 1 款计算。地上大于 500 m^2 的房间设机械补风。长度超过 20 m 且自然通风不能满足要求的疏散走道设计机械排烟设施，排烟量按《建筑防烟排烟系统技术标准》(GB 51251—2017)中第 4.6.3 条第 3 款、第 4 款计算。地下走道设置机械补风系统，地上走道自然补风。控制方式如下：

(1) 排烟风机、补风机的启动符合下列要求：现场手动启动；通过火灾自动报警系统联动启动；消防控制室内手动启动；系统中任一排烟口(阀)开启时，排风机、补风机能够联动启动；排烟防火阀在 280℃自行关闭时，联锁关闭排烟风机和补风机。

(2) 机械排烟系统中的常闭排烟口(阀)设置火灾自动报警系统联动开启功能，并与排烟风机联动。火灾确认后，自动报警系统在 15 s 内联动开启同一排烟区域内的全部排烟阀(口)、排烟风机和补风设施，并在 30 s 内自动关闭与排烟无关的通风、空调系统。

(3) 活动挡烟垂壁设置火灾自动报警系统联动和就地手动启动装置，火灾确认后，火灾自动报警系统在 15 s 内联动同一排烟区域的全部活动挡烟垂壁，并在 60 s 内将挡烟垂壁开启到位。

(4) 自动排烟窗设置火灾自动报警系统联动和温度释放装置联动，采用与火灾自动报警系统自动启动时，自动排烟窗在 60 s 内或小于烟气充满储烟仓时间内开启完毕。带有温控功能自动排烟窗，其温控释放温度大于环境温度 30℃且小于 100℃。

(5) 消防控制室能够显示排烟系统的排烟风机、补风机、排烟口和阀门等设施的启闭状态。

3) 防火阀设置

排烟管道在下列位置设置排烟防火阀：垂直风管与每层水平风管交接处的水平管段上，一个排烟系统负担多个防烟分区的排烟支管上，排烟风机入口处，穿越防火分区处。

通风、空调系统的风道在下列位置设置防火阀：穿越防火分区处，穿越通风、空调机房的房间隔墙和楼板处，穿越重要或火灾危险性大的房间隔墙和楼板处，穿越防火分隔处的变形缝两侧，竖向与水平风道交接处的水平管段上。

2.6.5 自动控制

1）自动监控原则

（1）风机盘管采用风机就地手动控制、水路上的电动两通阀就地自动控制。

（2）冷水机组等机电一体化设备由机组自带自控设备控制，集中监控系统对设备进行群控和主要运行状态的监测。

（3）锅炉房、制冷机房内设备在机房控制室集中监控，但主要设备的监测纳入楼宇自动化管理系统总控制中心。

（4）其余暖通空调动力系统采用集中自动监控，纳入楼宇自动化管理系统。

（5）采用集中控制的设备和自控阀均要求就地手动和控制室自动控制，控制室能够监测手动/自动控制状态。

2）空调冷水和冷却水系统

（1）冷水机组与相关的电动水阀、冷却水泵、空调冷水泵和冷却塔风机等的电气联锁。

（2）根据系统需冷量的变化，控制冷水机组及对应空调冷水泵运行台数。

（3）根据供回水压差控制供回水总管之间旁通阀的开度。

（4）根据供回水压差控制二次泵的转速和运行台数。

（5）根据冷却水温度控制冷却塔风机的运行数量和转速。

（6）根据冷却水温度控制水路旁通阀开度。

3）空调热水系统

（1）热水循环泵与对应电动水阀之间的电气联锁。

（2）根据热交换器二次热水的供水温度控制一次热媒的流量。

（3）根据供回水压差控制二次热水循环泵的转速和运行台数。

4）补水、定压系统

（1）根据膨胀水箱液位控制补水泵的启停。

（2）根据软化水箱最低液位控制补水泵停止运行。

5）新风机组

（1）根据送风温度控制水路电动阀开度。

（2）根据湿度变化平稳的送风管道内空气湿度控制空气加湿设备的启停。

（3）根据室外空气状态改变送风机风量，对应排风机的最大和最小风量控制。

6）定风量全空气系统

（1）根据回风温度（或典型房间温度）控制空气处理机组水路电动阀开度。

（2）根据回风湿度（或典型房间空气湿度）控制空气加湿设备的启停（或加湿阀的开度、开闭；或加湿设备的加湿量）。

（3）对单风机空气处理机组，根据室外空气状态调节新风阀和回风阀的开度，从而进行最大和最小新风比例控制，以及对应排风机的最大和最小风量控制。

7）房间末端空气处理装置

风机盘管水路阀门开闭。

8）其他

（1）空气处理机组和新风机组根据加热盘管的防冻温度，进行风机、对应水阀、风阀及报警设备的联锁控制。

（2）通风机与对应风阀的联锁控制。

（3）地下汽车库的通风系统风机根据车库内 CO 浓度进行自动运行控制。

（4）事故排风及采用气体灭火房间的送排风系统，其手动控制装置在室内外便于操作的地点分别设置。

2.6.6 暖通空调系统平疫结合设计研究与应用

在后疫情时代，如何保证五星级酒店安全、健康、舒适和绿色地运行，暖通空调系统的设计是重要的保障。业内专家针对酒店项目暖通空调系统平疫结合设计进行了一系列探索研究，可在工程实践中选择应用。

1）新风系统设计

研究表明，增强酒店室内的通风换气措施是控制室内病毒浓度、控制气溶胶传播的最佳方法。酒店建筑的客房、办公、小会议室和包房通常采用风机盘管加新风系统，而现行规范中的新风量标准对应人员最小新风量需求，不能满足人们对室内空气高品质的需求。

依据现代设计概念，新风的作用已扩展至颗粒物污染控制和化学污染控制范畴，从而推动着安全通风量的研究，这是一个复杂的交叉专业领域，涉及病毒学、空气动力学和暖通空调专业。基于平疫结合理念，在设计新风系统时，需要考虑五星级酒店变新风量运行的可能性，新风百叶、新风管道、新风机组及控制阀门辅件等设备设施选择都须按疫情防控工况考虑，并且考虑自动控制系统能够在疫情时实行快速转换工况。如表 2-11 所示，酒店通风系统加大换气次数，去除颗粒物的时间会显著减少，室内病毒浓度也会相应地降低，从而进一步证明，加大空调系统新风量是抑制空气传播疫情的可行措施。

表 2-11 空调新风系统的换气次数与去除室内颗粒所需时间

换气次数（次・h^{-1}）	去除 99%颗粒所需时间（min）	去除 99.9%颗粒所需时间（min）
2	138	207
4	69	104
6	46	39
8	35	52
10	28	41
12	23	35

续　表

换气次数(次・h^{-1})	去除 99%颗粒所需时间(min)	去除 99.9%颗粒所需时间(min)
15	18	28
20	14	21
50	6	8

2）全空气系统变新风比设计

酒店建筑的大堂、中庭、宴会厅和多功能厅通常都采用全空气系统。依据《公共建筑节能设计标准》(GB 50189—2015)的相关规定，设计定风量全空气调节系统时，宜采用全新风运行或可调新风比的措施，并设计相应的排风系统。通常从节能角度考虑，全空气系统的总新风比控制在不小于 50%，但考虑疫情防控、降低空气传播风险的角度，则需加大新风比。当考虑加大新风比运行时，空调系统设计时需要考虑在当层取新风，应提前与建筑师沟通好立面百叶如何设置，同时考虑相对应的排风系统联动开启等设计内容。

3）空气过滤技术的应用

研究表明，冠状病毒的粒径约为 0.1 μm，但其附着的颗粒物粒径范围可达 1～10 μm，在很多情况下，病毒是附着在颗粒物上以气溶胶形式传播的，微米级或亚微米级的气溶胶可以通过阻隔式的高效过滤器过滤。试验证明，最低设置亚高效过滤器时可以进行过滤处理。

阻隔式过滤技术是目前最有效的病毒过滤技术，在洁净手术室和微生物实验室中都以采用此类方法为主。但是对于酒店建筑的空调系统，若在常规的全空气空调系统的空调箱内增设亚高效过滤器后，风量及冷热量将减少约 20%。据此，在设计时需要考虑疫情工况下的变风量运行，也可以通过降低冷机供水温度、增加制冷量的方法来实现。

如果维持常规空调工况不变，那么在疫情工况下，空调箱的制冷能力将降低，在夏季工况会使室内温度升高。天禄湖国际大酒店常规空调工况室内温度按 26℃设计，则在疫情工况下，室内温度可达 28℃～30℃，这种变化对人体的舒适性影响不大，同时因适当提高室内温度也有助于消灭病毒。

4）冷凝水分区收集处理和排放

除医院建筑外，对于酒店建筑、会展中心等普通民用公共建筑，空调冷凝水一般不会分区收集，更不会处理后再排放。基于平疫结合的设计理念，对于酒店建筑的空调系统，可预留将来在疫情期间可能作为收留空气传染疾病患者的某些楼层，这些区域的空调冷凝水必须单独收集，并且考虑经过处理达到《医疗机构水污染物排放标准》(GB 18466—2005)的标准后再进行排放。另外，冷凝水水封需要保证有水，以抑制污染气溶胶的扩散。同时考虑空调冷凝水系统的设计尽量采用分层干管排风，尽量避免采用垂直系统，以利于疫情工况下的传染控制。

2.7 消防专业设计

2.7.1 总平面设计

1）防火间距

场地西侧为天禄湖景区公园，为大面积绿化用地，场地东侧、南侧为市政绿化带。高层塔楼之间满足防火规范高层建筑与高层建筑之间大于 13 m 的间距要求；东侧多层裙房与西侧高层塔楼的最小间距为 14.54 m，满足防火规范高层建筑与多层建筑之间大于 9 m 的间距要求。

2）消防车道及登高场地

消防出入口位于场地南侧出入口，沿高层建筑外侧形成消防环路。场地内部硬质铺地区域兼作消防车道，消防车道净宽 4 m，最小转弯半径 12 m。消防车道与建筑之间无树木、架空管线等妨碍消防车操作的遮挡设施，便于消防登高救援。消防车道及其管线暗沟均能承受消防车 35 kN/m^2 荷载的要求。消防登高场地设于基地西侧，距离塔楼 5 m，形成面宽 10 m 平整场地。消防登高救援场地分为 3 段，每段长度分别为 53.61 m、65.00 m、65.75 m，总长度 184.36 m，相邻消防登高救援场地之间的间距小于 30 m。登高场地的总长度 184.36 m，大于周边长度的 1/4（1/4×400 m＝100 m），且不小于高层建筑长边长度 145.50 m，宽度 10 m。场地靠建筑外墙一侧的边缘距离建筑外墙 5 m，满足规范要求。消防登高面一侧的建筑物立面上没有雨篷、乔木、架空管线等影响消防救援作业的障碍物，且此立面在每层设置有消防救援窗，窗口净高度和净宽度皆不小于 1.0 m，下沿距室内地面为 1.1 m。消防救援窗的设置位置，保证每个防火分区不应少于 2 个。消防救援窗的玻璃为普通玻璃，玻璃上设置有可在室外易于识别的警示标志。

3）场地内的功能分区、竖向布置方式

场地基本平整，西侧塔楼使用功能包括客房及大堂空间，东侧裙房使用功能是宴会、餐饮等。

2.7.2 建筑防火

1）防火分区

（1）地下功能区域：地下一层为厨房、机动车库、设备用房等功能区。按《建筑设计防火规范》（GB 50016—2014 版）规定，共设 7 个防火分区；地下二层为人防和机动车库，共分

3 个防火分区。

(2) 地上功能区域:地上部分,建筑内设有火灾自动报警和自动喷水灭火系统,每个防火分区按≤3 000 m^2 设计,各层建筑防火分区划分。

2) 防烟分区

酒店建筑室内按照不大于 500 m^2 划分防烟分区。地下厨房、餐厅不设吊顶,利用楼板下不小于 500 m 高的梁划分防烟分区;有吊顶的大空间采用顶棚下 500 m 高挡烟垂壁划分防烟分区;做出房间分隔的空间利用房间隔墙划分防烟分区。

3) 安全疏散

(1) 疏散楼梯:地上建筑均按规范要求划分防火分区,每个防火分区设计不少于 2 个安全出口,并在首层直通室外或采用扩大的封闭楼梯间。建筑内疏散楼梯均为封闭楼梯间。车库每个防火分区不少于 2 部疏散楼梯,独立对外的疏散楼梯采用封闭楼梯间,通过地上主体建筑疏散的楼梯采用防烟楼梯间并与地上楼梯在首层做防火分隔。

(2) 疏散宽度计算:建筑疏散楼梯的疏散宽度按照满足最大标准层的人员疏散需求而设计。按照酒店的业务特点结合相关规范《旅馆建筑设计规范》(JGJ 62—2014)、《建筑设计防火规范》(GB 50016—2014)的规定,餐厅、宴会厅按照 1.5～2 m^2/人,会议室按照 1.2～1.8 m^2/人计算人员密度。而疏散宽度按照每 100 人 1.0 m 计算,并根据层数折减。疏散楼梯间在每层平面中均匀布置,设计疏散宽度大于计算疏散宽度。

(3) 疏散距离:建筑地上部分主要是客房及餐饮会议,房间内任意一点至门的距离不超过 18.75 m,疏散走道主要是环形走道,位于两个安全出口之间的房间疏散门至最近安全出口的距离满足小于等于 30 m 的规范要求;餐厅部分任何一点至最近的疏散出口的直线距离不超过 30 m;地下车库部分最远工作地点至疏散楼梯间的距离不超过 60 m。

4) 防火分隔与建筑构造

(1) 防火墙:采用 150 mm 厚聚苯颗粒水泥复合条板内隔墙(耐火极限≥3 h)和 200 mm 厚加气混凝土砌块墙(耐火极限≥3 h)。

(2) 防火门、窗:防火分区之间防火墙上所开洞口设不可开启或火灾时能自动关闭的甲级防火门、防火窗;空调机房、变配电室、强弱电机房等设备用房设甲级防火门,耐火极限为 1.5 h;消防控制室、消防水泵房等设备机房设乙级防火门,耐火极限为 1.0 h。位于公共部分的电缆井、管道井等井壁的检查门均采用丙级防火门。疏散走道通向封闭楼梯间前室及前室通向楼梯间的门,封闭楼梯间门均为乙级防火门,耐火极限为 1.0 h;开向走道的配电间检查门与设备管道间检查门为丙级防火门,耐火极限为 0.5 h;开启方式为外开平开式。防火门自带闭门器,双扇防火门自带闭门器、顺序器。甲、乙、丙级防火门规格遵循《防火门》(GB 12955—2015)中的相关规定。防火窗规格遵循《防火窗》(GB 16809—2008)中的相关规定。

(3) 防火卷帘:防火卷帘选用双层无机布基特级防火卷帘,耐火极限 3 h。

(4) 挡烟垂壁:在净高小于等于 6 m 且设置排烟设施的区域,依照<500 m^2 的面积标准

设置防烟分区，除结构梁外，在部分吊顶下设置玻璃挡烟垂壁（结合精装修方案设置）。车库依照<2 000 m^2 的面积标准设置防烟分区，采用挡烟垂壁、隔墙或从顶棚下突出不小于0.5 m 的梁划分。

(5) 防火封堵措施：电缆井、管道井在每层楼板处用相当于楼板耐火极限的不燃烧体做防火分隔。电缆井、管道井与房间、走道等相连通的孔洞，其空隙采用不燃烧材料填塞密实。防火分区外墙分隔处 2 m 范围内的玻璃幕墙和玻璃门窗采用甲级防火玻璃窗。玻璃幕墙的层间防火分隔采用钢结构梁和水泥纤维板构造（内填 100 mm 厚岩棉），为非燃烧体，层间分隔的构造高度为 1 100 mm，大于防火规范要求的 800 mm。

2.7.3 消防给水和灭火设施

1) 室内系统划分

室内消防部分设有消火栓给水系统、自动喷水灭火系统、气体灭火系统及灭火器系统。

2) 消防给水系统

消防水源为市政自来水。室外消防用水由市政管道直接供给。室内消防用水由室内贮水池供给。贮水池设在地下一层。如表 2-12 所示，考虑一次着火最大消防用水量为 648 m^3（室内消火栓系统＋自动喷水灭火系统＋室外消火栓系统），满足使用要求。

表 2-12 消防用水标准和用水量表

用水名称	用水量标准(L/s)	一次灭火时间(h)	一次用水量(m^3)
室外消火栓系统	40	2	288
室内消火栓系统	30	2	216
自动喷水灭火系统	40	1	144
总设计用水量			648

3) 消火栓系统

(1) 室外消火栓系统：采用常高压消防给水系统，消防水泵设在地下一层消防水泵房。室外消火栓给水管在本小区形成环状给水管网，环管管径 DN150 mm，环状管网上接出室外消火栓。

(2) 室内消火栓系统：消火栓布置使任一着火点有 2 股充实水柱到达，水枪充实水柱不小于 10 m，流量不小于 5 L/s。消火栓设计出口压力控制在 0.19～0.5 MPa，本工程采用普通消火栓和减压稳压消火栓。

(3) 供水系统：从最低层消火栓至屋顶水箱内底几何高差 34.76 m，管网系统竖向不分区。供水系统在首层、A1/A2 六层、A3 五层和地下室分别成环，保证了用水可靠性。消防泵房设于室内地下一层层消防泵房内。消火栓泵设 2 台，1 用 1 备，并设有自动巡检系统。

(4) 屋顶消防水箱贮存消防水量 36 m^3，水箱底标高 30.5 m，最低水位与最不利消火栓几何高差4.7 m。

(5) 室内消火栓系统为临时高压系统，用水由地下一层层消防水池经消火栓泵加压后提供。

(6) 消火栓系统单设增压稳压装置，与喷淋系统共用一座屋顶消防水箱，保证火灾初期用水，设在屋顶水箱间。

(7) 室内消火栓水量20 L/s，需设2个DN150 mm室外地下式水泵接合器，并在其附近设室外消火栓。

(8) 消火栓箱共有两种型式：明装消火栓箱为乙型单栓带灭火器组合式消防柜，见《室内消火栓安装》(15S202)中第19页，尺寸700 mm×1 800 mm×240 mm。暗装消火栓箱为薄型单栓带消防软管卷盘组合式消防柜(旋转栓头)，见《室内消火栓安装》(15S202)中第21页，尺寸700 mm×1 800 mm×180 mm。消火栓箱内均配有SNJ65消火栓，DN65 mm，$L=25$ m麻质衬胶龙带，$DN=19$ mm水枪一支，JPS1.0-19自救式消防卷盘一套，消防按钮及指示灯各一个。

(9) 消火栓栓口高度为地面上1.1 m。

(10) 消火栓系统控制：发生火灾时，系统压力下降到0.09 MPa时自动启动一台消火栓系统加压泵，并发出声光警报；消火栓系统加压泵启动后增压泵停泵。消防水泵控制柜在平时应使消防水泵处于自动启泵状态。消防水泵应能手动启停和自动启动。消火栓泵在消防控制中心和消防泵房内可手动启、停，并具有低速自动巡检功能，消防加压供水时工频运行，自动巡检时变频运行。定期人工巡检应工频满负荷运行并出流。消防水泵出水干管上设置压力开关，高位消防水箱出水管上设流量开关等开关信号可直接自动启泵。室内各消火栓处设消防报警按钮。泵房内可直接启动消防泵。消防泵启动后，在消火栓处用红色信号灯显示。水泵的运行情况用红绿信号灯显示于消防控制中心和泵房内控制屏上。消防水泵不设置自动停泵的控制装置，停泵由具有权限的管理人员根据火灾扑救情况确定。

(11) 管材：采用内外热浸镀锌钢管，专用管件连接。地下车库、屋顶水箱间等有可能冰冻处的消火栓管道做防冻保温。

4) 湿式自动喷水灭火系统

(1) 设计参数：地下层按中危险级Ⅱ设计自动喷水灭火预作用系统。喷水强度8 L/min·m^2，作用面积160 m^2，火灾延续时间为1 h。宴会厅等高大空间场所喷水强度12 L/min·m^2，作用面积160 m^2。其他部位按中危险Ⅰ级设计，喷水强度6 L/min·m^2，作用面积160 m^2。

(2) 喷头：除卫生间和消防水池及不宜用水扑救的部位不设喷头外，其余均设喷头保护和设置自动喷水灭火系统。

(3) 喷头选用：采用玻璃球喷头，吊顶下为吊顶型喷头。吊顶内喷头为直立型；地下一层采用上喷型喷头。公称动作温度：厨房采用温级为93℃的喷头，其余均为68℃级。

(4) 竖向不分区，设一组自动喷水消防泵组供水，自动喷洒水泵设 2 台，1 用 1 备。

并设有自动巡检系统；消防泵房内设环网，各报警阀前共用供水干管。

(5) 自动喷洒系统单设一套增压装置，与消火栓系统共用高位水箱，保证火灾初期灭火用水量。

(6) 自动喷洒系统消防用水量 40 L/s，共设有 2 个 DN150 mm 室外地下式水泵接合器。

(7) 工程设 7 组湿式报警阀，报警阀集中在地下一层消防水泵房和报警阀间内，每个报警阀控制喷头数量不超过 800 个。每个防火分区(或每层)的水管上设信号阀与水流指示器，每个报警阀组控制的最不利点喷头处，设末端试水装置，其他防火分区楼层的最不利点喷头处，均设 DN25 mm 的试水阀，信号阀与水流指示器之间的距离不宜小于 300 mm。同一根配水支管上，直立型、下垂型喷头间距及相邻配水支管的间距按规范要求，且不宜小于 2.4 m。

(8) 自动喷水系统控制：自动喷水泵设自动、手动控制两种方式。

5) 灭火器

(1) 变配电室、弱电机房等按照中级危险 E 类火灾设置 4 kg 装手提式磷酸铵盐干粉灭火器；单具灭火器最小配置级别 55B，保护距离 12 m。

(2) 地下车库、厨房操作间灭火器按照中危险级 B 类火灾设置 4 kg 装手提式磷酸铵盐干粉灭火器；单具灭火器最小配置级别 55B，保护距离 12 m。设置在消火栓箱内，每个消火栓箱内设 2 具。保护半径不足部分另行增加。其他部位均按照中危险级 A 类火灾设置 3 kg 装手提式磷酸铵盐干粉灭火器；单具灭火器最小配置级别 2A，保护距离 20 m。设置在消火栓箱内，每个消火栓箱内设 2 具。

2.7.4 电气消防

1) 系统设计基本规定

(1) 天禄湖国际大酒店建筑在 A1 楼首层设消防控制室；消防控制室与安防控制室合用，其入口处有明显标志，并设有直接通往室外的出口。该工程的火灾自动报警系统形式为集中报警系统，其所有消防设备的状态信号均应在消防控制室内显示。整个系统中共同使用的消防水泵等重要的消防设备，由消防控制室统一控制。由消防控制室图形显示装置实现相关信息的传输功能。

(2) 消防控制室内设置的消防设备应包括火灾报警控制器、消防联动控制器、消防控制室图形显示装置、消防专用电话总机、消防应急广播控制装置、消防应急照明和疏散指示系统控制装置及消防电源监控器等设备或具有相应功能的组合设备。

(3) 消防控制室应有相应的竣工图纸、各分系统控制逻辑关系说明、设备使用说明书、系统操作规程、应急预案、值班制度、维护保养制度及值班记录等文件资料。

(4) 任一台火灾报警控制器所连接的火灾探测器、手动火灾报警按钮和模块等设备总数和地址总数，均不应超过 3 200 点，其中每一总线回路连接设备的总数不宜超过 200 点，且应留有不少于额定容量 10%的余量；任一台消防联动控制器地址总数或火灾报警控制器(联动型)所控制的各类模块总数不应超过 1 600 点，每联动总线回路连接设备的总数不宜超过 100 点，且应留有不少于额定容量 10%的余量。

(5) 系统总线上应设置总线短路隔离器，每只总线短路隔离器保护的火灾探测器、手动火灾报警按钮和模块等消防设备的总数不应超过 32 点；总线穿越防火分区时，应在穿越处设置总线短路隔离器。

(6) 每个报警区域内均匀布置火灾警报器，其声压级不应小于 60 dB；在环境噪声大于 60 dB 的场所，其声压级应高于背景噪声 15 dB。确认火灾后启动建筑内的所有火灾声光报警器，设有可燃气体探测报警系统的区域，可燃气体报警控制器发出报警信号时，启动保护区域的火灾声光警报器。

(7) 消防联动控制器的电压控制输出采用直流 24 V，其电源容量满足受控消防设备同时启动且维持工作的控制容量要求。

(8) 消防联动受控设备接口的特性参数应与消防联动控制器发出的联动控制信号相匹配。

2) 火灾自动报警系统

根据酒店功能场所不同，设置如下探测器：

(1) 感烟探测器：门厅、走廊、汽车库、办公区、休息区、变配电室、配电竖井、弱电机房、设备机房、地下车库、防烟楼梯的前室及合用前室等。

(2) 感温探测器：气体灭火房间、配电室、防火卷帘两侧和燃气表间等。

(3) 可燃气体探测器：燃气表间。

(4) 火灾声光报警器：燃气表间等设置可燃气体探测器系统部位；气体灭火设置区域；楼层楼梯口、建筑内部拐角等处的明显部位，不宜与安全出口指示标志灯具设置在同一面墙上疏散楼梯口等处。

(5) 手动报警按钮(带电话插孔)：走廊和楼、电梯前室等处。

(6) 区域显示器(楼层显示器)：每个楼层至少设置一台仅显示本楼层的区域显示器，区域显示器设置在出入口等明显和便于操作的部位。

(7) 接收水流指示器、防火阀、消火栓按钮和压力开关的报警信号。

3) 消防联动控制系统

(1) 消防联动控制器应能按设定的控制逻辑向各相关的受控设备发出联动控制信号，并接受相关设备的联动反馈信号。

(2) 消防控制室可联动控制所有与消防有关的设备，包括空调及送排风系统、防排烟系统、消防水泵、气体灭火系统、防火卷帘、电梯、电源联动控制、火灾应急照明、安防系统联动及火灾报警等。其中消防水泵、防烟和排烟风机的控制设备，除应采用联动控制方式外，还应在消防控制室设置手动直接控制装置。消防水泵控制柜应设置机械应急启泵功能，并应保证在控制柜内的控制线路发生故障时由有管理权限的人员再紧急启动消防水泵。机械应急启动时，应确保消防水泵在报警后 5 min 内正常工作。消防控制室应能显示消防水池、消防水箱水位，显示消防水泵的电源及运行状况。

(3) 需要火灾自动报警系统联动控制的消防设备，其联动触发信号应采用两个独立的报警触发装置报警信号的“与”逻辑组合。

(4) 非消防类设备：包括空调机组、新风处理机组、送风机和排风机等设备的联动控制。在火灾报警后，消防控制室通过就地控制模块自动关闭这类风机及接收这类风机的停机信号。

(5) 防排烟类消防风机：包括正压送风机、送风兼消防补风机、消防补风机、排风兼排烟风机和排烟风机等设备的联动控制。

(6) 消火栓泵：消火栓泵设置在地下一层消防水泵房内；消火栓系统为临时高压系统；联动控制方式：由消火栓系统出水干管上设置的低压压力开关、高位消防水箱出水管上设置的流量开关或报警阀压力开关等信号作为触发信号，直接控制启动消火栓泵，联动控制不受消防联动控制器处于自动或手动状态影响。消火栓按钮的动作信号作为报警信号及启动消火栓泵的联动触发信号，由消防联动控制器联动控制消火栓泵的启动。

(7) 自动喷淋泵：自动喷淋泵设置在地下一层消防水泵房内，喷淋系统除地下一层为预作用式灭火系统外，均为湿式灭火系统。预作用式灭火系统的联动控制设计：联动控制方式由同一报警区域内两个及两个以上独立的感烟火灾探测器或一个感烟火灾探测器与一个手动火灾报警按钮的报警信号，作为预作用阀组开启的联动触发信号。由消防联动控制器控制预作用阀组的开启，使系统转变为湿式系统；系统设有快速排气装置时，应联动控制排气阀前的电动阀开启。转变为湿式系统后，由消防泵房内的湿式报警阀压力开关的动作信号作为触发信号，直接控制启动喷淋消防泵，联动控制不受消防联动控制器处于自动或手动状态影响。

(8) 气体灭火系统：根据水专业要求，在变配电室内采用气体灭火；气体灭火系统由专用的气体灭火控制器控制。气体灭火系统的联动触发信号应由火灾报警控制器或消防联动控制器发出。

4) 火灾警报和火灾应急广播系统

(1) 火灾声光警报器应由火灾报警控制器或消防联动控制器控制，应在确认火灾后启动建筑内的所有火灾声光警报器，火灾自动报警系统应能同时启动和停止所有火灾声光警报器工作。

(2) 火灾声光警报器单次发出火灾警报时间宜为 8～20 s，同时设有消防应急广播时，火灾声光警报应与消防应急广播交替循环播放。

(3) 消防应急广播系统的联动控制信号应由消防联动控制器发出。当确认火灾后，应同时向全楼广播。

（4）消防应急广播的单次语音播放时间宜为10～30 s，应与火灾声光警报器分时交替工作，可采取1次火灾声光警报器播放、1次或2次消防应急广播播放的交替工作方式循环播放。

（5）在消防控制室应能手动或按预设控制逻辑联动控制选择广播分区、启动或停止应急广播系统，并应能监听消防应急广播。在通过传声器进行应急广播时，应自动对广播内容录音。

（6）消防控制室内应能显示消防应急广播的广播分区工作状态。

（7）消防应急广播为独立系统，不与公共广播共用扬声器。

（8）在消防控制室设置火灾应急广播机柜，机组采用定压式输出。

5）消防专用电话系统

（1）消防专用电话网络为独立的消防通信系统。

（2）消防控制室应设置消防专用电话总机，各楼设接线端子箱，室外消防电话线缆采用规格为HYA20×2×0.5～10。

（3）电话分机或电话插孔的设置应符合下列规定：值班室、配电室、弱电机房、主要通风和空调机房、防排烟机房、气体灭火控制系统操作装置处或控制室及其他与消防联动控制有关的且经常有人值班的机房设置消防专用电话分机。各楼层设有手动火灾报警按钮处，设置消防直通对讲电话插孔；选用带有电话插孔的手动火灾报警按钮。

（4）消防控制室设有用于火灾报警的直通消防局的专用外线电话。

6）漏电火灾报警系统

（1）根据工程的重要程度，设置漏电火灾报警系统。该系统由漏电火灾监控主机、探测报警器、剩余电流互感器组成，在变配电室内低压柜的电缆出线回路加装剩余电流互感器以检测其对地剩余电流情况，报警信号经探测报警器通过二总线传送到漏电火灾监控主机发出声光报警信号；主机同时显示报警地址，记录并保存报警和控制信息，值班人员可以在主机处远程操作切断电源或派人到现场排除剩余电流故障。

（2）漏电火灾监控主机设在首层消防控制室内。

7）消防电源监控系统

（1）消防设备电源监控系统应通过《消防设备电源监控系统》(GB 28184—2011)的检测，必须具有国家消防电子产品质量监督检验中心出具的产品型式检验报告。该系统由消防电源监控器、区域分机、现场传感器组成。

（2）当各类消防设备供电的交流或直流电源，包括主、备电源发生过压、欠压、缺相、过流及中断供电等故障时，消防电源监控器能进行声光报警、记录，并显示被监测电源的电压、电流值及准确故障点的位置，且能将工作状态和故障信息传输给消防控制室图形显示装置。

（3）消防电源监控器专用于消防设备电源监控系统并独立安装在消防控制室，通过软件编程远程设定现场传感器的地址编码及故障参数，方便系统调试及后期维护使用。

8）电源及接地

（1）所有消防用电设备均采用双路电源供电并在末端设自动切换装置，采用柴油发电机组作为其应急电源，消防控制室设置 UPS 以满足其不间断供电的需求。

（2）消防控制室图形显示装置、消防通信设备等的电源，由 UPS 电源装置或消防设备应急电源供电。

（3）消防设备应急电源输出功率大于火灾自动报警及联动控制系统全负荷功率的120%，蓄电池组的容量应保证火灾自动报警及联动控制系统在火灾状态同时工作负荷条件下连续工作 3 h 以上。

（4）消防系统接地利用大楼综合接地装置作为其接地极，设独立引下线，引下线采用两根 WDZBYJ－1×35PC40 线缆，采用大楼共用接地装置，接地电阻小于 1 Ω。

（5）消防控制室内的电气和电子设备的金属外壳、机柜、机架和金属管、槽等，应采用等电位连接。由消防控制室接地板引至各消防电子设备的专用接地线应选用铜芯绝缘导线，其线芯截面面积不应小于 4 mm^2。

9）消防设备的设置

（1）火灾探测器：点型探测器至墙壁、梁边的水平距离，不应小于 0.5 m；探测器周围 0.5 m 内，不应有遮挡物；至空调送风口边的水平距离不小于 1.5 m，并宜接近回风口安装。探测器至多孔送风顶棚孔口的水平距离不应小于 0.5 m。

（2）手动报警按钮：底边距地 1.3 m 安装。

（3）区域显示器：当采用壁挂方式安装时，其底边距地高度为 1.5 m。

（4）火灾警报器采用壁挂方式安装时，底边距地面高度为 2.5 m。

（5）模块的设置：每个报警区域内的模块宜相对集中设置在本报警区域内的金属模块箱中。模块严禁设置在配电（控制）柜（箱）内。本报警区域内的模块不应控制其他报警区域的设备。未集中设置的模块附近应有尺寸不小于 100 mm×100 mm 的标识。

（6）消防控制室图形显示装置：消防控制室图形显示装置与火灾报警控制器、消防联动控制器、电气火灾监控器及可燃气体报警控制器等消防设备之间，应采用专用线路连接。

（7）锅炉房等有可燃气体的房间，室内设备均采用防爆型。

10）消防布线

（1）火灾自动报警系统的供电线路、消防联动控制线路、报警总线、消防应急广播和消防专用电话等传输线路均采用耐火铜芯电线电缆。

（2）线路暗敷设时，采用热镀锌钢管并敷设在楼板或墙等不燃烧体的结构层内，且保护层厚度不宜小于 30 mm；线路明敷设时，采用金属管、可挠（金属）电气导管或金属防火型封闭线槽保护，当采用明敷设时金属管应外涂防火材料。由顶板接线盒至消防设备一段线路穿金属耐火（阻燃）波纹管。

2.8 装配式建筑设计

天禄湖国际大酒店项目采用装配式钢结构建筑。地上建筑采用钢柱、钢管混凝土柱、钢梁；楼板采用钢桁架楼承板，楼梯梯段预制；上部结构外墙采用整体装配式外墙，内墙采用聚苯颗粒复合条板隔墙；全装修；并采用单元式幕墙。装配式构件类型包括：柱、梁、楼板、楼梯、外墙体、内隔墙和单元式幕墙。

2.8.1 设计理念

(1) 贯彻安全、适用、经济和美观的设计原则，做到技术先进、功能合理、确保工程质量，充分发挥建筑工业化的优越性，促进住宅产业化的发展。

(2) 体现以人为本、可持续发展和节能、节地、节材、节水的指导思想，考虑环境保护要求，并满足老年人、残疾人等居住者的特殊使用要求。

(3) 在标准化、系列化设计的同时，结合总体布局和立面色彩、细部处理等来丰富建筑造型及空间。

(4) 采用装配式钢结构。尽量采用大开间、大进深形式，平面布置符合使用功能，且可灵活分隔；平面布置力求简单、规则，避免过大的凸出和挑出部分；建筑装修、饰面，采用耐久、不易污染的材料做法，并体现预制装配式建筑立面造型的特色。

(5) 装配式钢结构建筑设计采用建筑标准化、系列化设计方法，采用少规格、多组合的原则，做到基本单元、连接构造、构件、配件及设备管线通用化。

(6) 装配式钢结构竖向布置应规则、均匀，竖向抗侧力构件的截面尺寸和材料应自下而上逐渐减小，避免抗侧力结构的侧向刚度和承载力竖向突变；设置整体现浇混凝土地下室，作为上部嵌固部位的地下室顶板。

2.8.2 预制构件设计类型

1) 钢筋桁架楼承板

结构楼板采用钢筋桁架楼承板，按《钢筋桁架楼承板》(JG/T 368—2012)选择型号为HB2－100。楼承板材质说明：钢筋桁架楼承板上、下弦钢筋采用HRB400级，腹杆钢筋采用冷轧光圆钢筋550级。底模采用0.5 mm厚镀锌钢板，屈服强度不低于250 N/mm，镀锌层两面总计不小于120 g/m。钢筋桁架楼承板是属于无支撑压型组合楼承板的一种；钢筋桁架是在后台加工场定型加工，现场施工需要先将桁架楼承板摆放到正确位置，焊接制作钢筋后焊接栓钉，再放置钢筋桁架进行绑扎，验收后浇筑混凝土。装配式钢筋桁架楼承板可显著减少现场钢筋绑扎工程量，加快施工进度，增加施工安全保证，实现文明施工。此楼板按照双向受力模型进行设计，不仅整体刚度更好，承载力更高，而且最大程度节约了传统楼板木模的使用，改良了楼板支模的施工工艺，缩短了施工周期，改善了施工环境，提高了施工的质量和精度。

2）钢梁

钢梁均采用焊接 H 型钢或焊接箱型梁，均在工厂预先加工完成。

3）钢柱

酒店建筑项目中的钢柱有钢管混凝土柱和钢柱两种。钢柱均在工厂预先加工完成。钢柱最大程度节约了传统木模的使用，改良了施工工艺，缩短了施工周期，改善了施工环境，提高了施工的质量和精度。

4）框架结构连接节点

如图 2-20 所示，预制装配式建筑结构的主要连接节点包括梁柱连接构造、主次梁连接构造、梁板连接构造和预制楼梯连接构造。

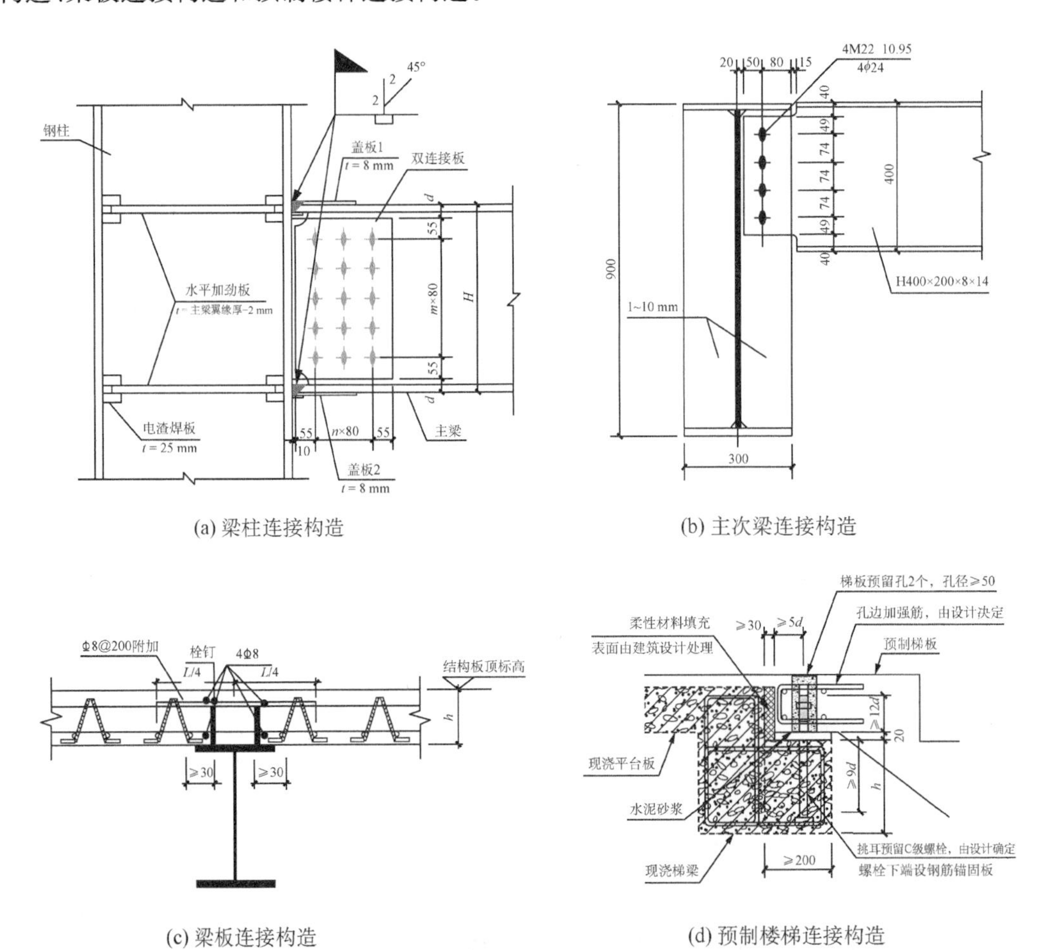

图 2-20　预制装配式建筑结构的主要连接节点

2.8.3　构件生产要求

（1）预制构件制作单位应具备相应的生产工艺设施，并应有完善的质量管理体系和必要的实验检测手段。

（2）预制构件制作前，应对其技术要求和质量标准进行技术交底，并应制订生产方案；生产方案应包括生产工艺、模具方案、生产计划、技术质量控制措施、成品保护、堆放及运输方案等内容。

（3）需满足《钢结构工程施工质量验收规范》(GB 50205—2001)有关规定。

2.8.4　运输要求

（1）应根据构件尺寸及重量要求选择驳运车辆，装卸及驳运过程应考虑车体平衡。

（2）驳运过程应采取防止构件移动或倾覆的可靠固定措施。

（3）驳运竖向薄壁构件时，宜设置临时支架。

（4）构件边角部及构件与捆绑、支撑接触处，宜采用柔性垫衬加以保护。

（5）柱、梁、楼板和楼梯宜采用平放驳运，预制墙板宜采用竖直立放驳运，预制墙板宜采用竖直立放驳运。

（6）现场驳运道路应平整，并应满足承载力要求。

（7）卸车时吊车臂起落必须平稳、低速，避免对预制构件造成损坏。构件运输时，车上应设有专用架，且有可靠的稳定构件措施。预制构件混凝土强度达到设计强度时方可运输。

2.8.5　钢构件现场堆置要求

（1）堆放场地应平整、坚实，并应有排水措施。

（2）预埋吊件应朝上，标识宜朝向堆垛间的通道。

（3）构件支垫应坚实，垫块在构件下的位置宜与脱模、吊装时的起吊位置一致。

（4）重叠堆放构件时，每层构件间的垫块应上、下对齐，堆垛层数应根据构件、垫块的承载力确定，并应根据需要采取防止堆垛倾覆的措施。

第3章

弧形深基坑钢板桩围护结构施工技术

3.1 技术背景

随着现代建筑业的快速发展，地下空间的开发项目快速增长，地下结构的建造形式也丰富多彩，有些建筑地下室外墙呈现为圆弧形。为了保证施工工期最短，通常采用钢板桩围护结构。而要保证弧形深基坑钢板桩结构的造型与地下室外墙的弧面造型吻合，并且保证围护结构的防渗漏性能良好，这是一项值得研究开发的技术。

中国江苏国际经济技术合作集团有限公司结合泰州天禄湖国际大酒店等建设工程需求，组织技术攻关，研究泰州天禄湖国际大酒店的地下室外墙钢板桩围护结构的施工技术，该建筑设有直径为 72 m 的三个圆弧形结构，地下室外墙也存在较大范围的圆弧形结构。亟须技术人员研究出弧形深基坑的钢板桩围护结构，既要避免专门订制弧形钢板桩，以利于降低施工成本，又要保证钢板桩围护墙体与地下工程弧形造型吻合度良好，还应保证围护墙体的抗渗漏性能和安全可靠性。

课题组创新开发了“一种弧形深基坑的钢板桩围护结构”，获得实用新型专利授权（专利号：ZL202220612986.8）。开发了“弧形深基坑钢板桩围护结构施工工法”，有效控制施工质量和进度，并保证地下工程的施工安全。

3.2 技术特点

3.2.1 性能优良，结构安全

本项技术采用拉森钢板桩围护结构，钢板桩具有强度高、结合紧密、不易漏水等显著优点，从而保障土方开挖后在深基坑内部进行地下结构施工的安全性。

3.2.2 施工简便，速度快捷

拉森钢板桩的施工工序较少，操作方法相对简便，可全部机械施工，且减少基坑土方开挖量，施工速度快捷，有利于节省施工工期。

3.2.3 预制构件，绿色施工

拉森钢板桩为预制构件，部分弧形钢板桩也是对普通钢板桩的简单压弯改造，也是预制构件。这些预制构件可以拔出后多次重复使用，绿色低碳，有利于实现绿色施工，顺应建筑业实现“双碳”目标。

3.3 适应范围

该项技术适用于软弱地基和地下水位高且多的地区，用作地下构筑物或深基坑施工的临时支护挡土、防水结构。该项技术既适用于直线形状的基坑，也适用于弧线形状的基坑。

3.4 工艺原理

3.4.1 压拔桩体施力原理

拉森钢板桩压入土体中的施力原理是利用高频液压振动锤对钢板桩施加振动力，扰动土体，使土体液化，破坏其与钢板桩之间的摩擦阻力以及吸附力并施加压力将钢板桩插入土体中；拔桩时原理相同，边振边提升，直至拔出钢板桩。

3.4.2 弧面成形原理

当深基坑的周边呈弧线形状时，依据弧线的曲率半径大小，可采用两种方法使得拉森钢板桩构建为弧面形状：

(1) 转动拉森钢板桩之间的锁扣。通过导向架装置“强迫”相邻两根拉森钢板桩之间形成夹角，以折代曲，可以形成圆弧面围护墙体，但是拉森钢板桩的锁扣配合较为紧密，相邻锁扣可转动的角度较小，“强迫”其形成夹角可能引起锁扣之间的摩擦力增大，导致压桩施工困难；另外由于过度“强迫”其形成夹角，可能导致锁扣的“脱扣”破坏，造成深基坑的渗漏水现象，影响地下工程施工，因此这种方法仅适用于弧线曲率半径很大、相邻钢板桩转动夹角很小时的情况。

(2) 创新改造拉森钢板桩。将现场的部分钢板桩进行压弯处理，形成弧形腹板的钢板桩(图 3-1)，并将弧形钢板桩与常规钢板桩间隔布置(图 3-2)，同时处理锁扣的边缘，将直角打磨成圆角，构成良好的配合节点，并且在锁扣空间中填塞黄油、干膨润土和干锯沫以 1∶1∶0.6 混合配制的防渗漏油膏，使得锁扣可转动的幅度增大，同时减小相邻钢板桩的压桩摩擦阻力，避免锁扣的破坏而引起围护墙体质量隐患，并且达到优良的防渗漏性能。

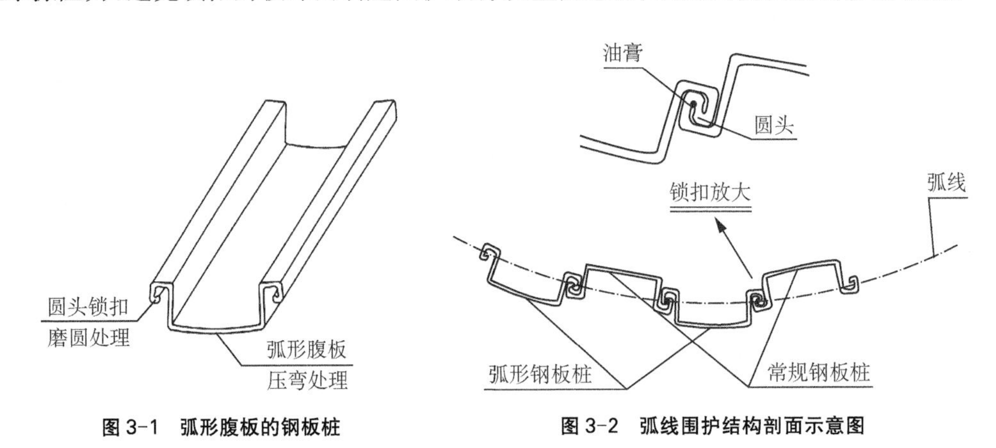

图 3-1 弧形腹板的钢板桩

图 3-2 弧线围护结构剖面示意图

3.4.3 围护计算原理

1) 计算拉森桩入土深度

根据钢板桩入土的深度，按单锚浅埋板桩计算，假定上端为简支，下端为自由支承，构建拉森钢板桩力学计算模型(图 3-3)。这种板桩相当于单跨简支梁，作用在桩后为主动土压力，作用在桩前为被动土压力，压力坑底以下的土重度不考虑浮力影响。

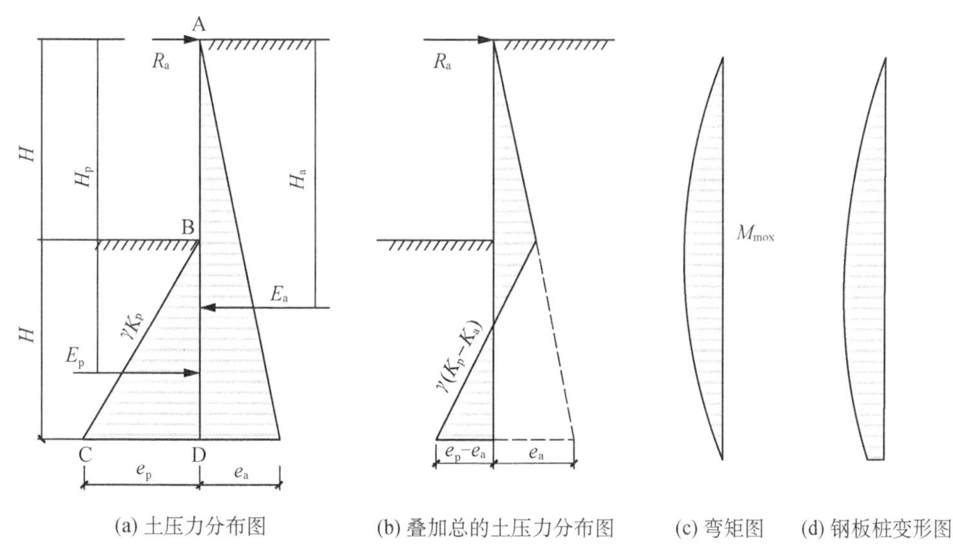

(a) 土压力分布图　(b) 叠加总的土压力分布图　(c) 弯矩图　(d) 钢板桩变形图

图 3-3　拉森钢板桩力学计算模型

主动土压力

$$E_a = 1/e_a(H+t) = 1/2\gamma(H+t)2K_a$$

被动土压力

$$E_p = 1/2e_p t = 1/2\gamma t^2 K_p$$

式中：e_a——主动土压力最大压强，$e_a = \gamma(H+t)K_a$；

e_p——被动土压力最大压强，$e_p = \gamma t K_p$；

K_a——主动土压力系数 $K_a = \tan^2(45-\phi/2)$；

K_p——被动土压力系数 $K_p = \tan^2(45+\phi/2)$；

ϕ——土的内摩擦角，取 $\phi = 20°$；

γ——土的重度，取 $\gamma = 17.5\ kN/m^3$；

H——基坑开挖深度；

t——最小入土深度。

为了使钢板桩保持稳定，在 A 点的力矩等于零，即 $\sum M_A = 0$，亦即：

$$E_a H_a - E_p H_p = E_a 2/3(H+t) - E_p(H+2/3t) = 0$$

将以上数据代入上式中，求出最小入土深度 t 值，所以钢板桩总长度为：$L = H + t$。

2）钢板桩稳定性验算

钢板桩入土深度除保证本身的稳定性外，还应保证基坑底部在施工期间不会出现隆起和管涌现象。在软土中开挖较深的基坑，当桩背后的土柱重量超过基坑底面以下地基土的承载力时，地基的平衡状态受到破坏，常会发生坑壁土流动，坑顶下陷，坑底隆起的现象（图

3-4)，为避免这种现象发生，施工前，需对地基进行稳定性验算。

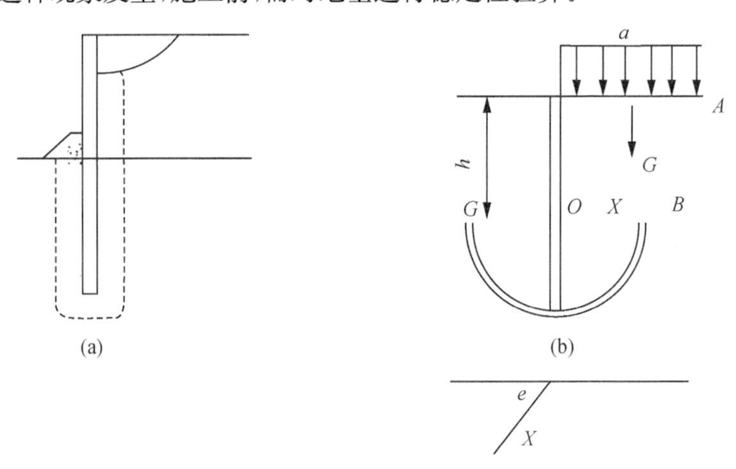

图 3-4 拉森钢板桩基坑坑底隆起图

转动力距

$$M_{ov}=Gx/2=(q+rh)x^2/2;$$

稳定力矩

$$M_r=x\int_0^x \tau x\,d\theta;$$

土层为均质土时，则

$$M_r=\pi\tau x^2。$$

式中：τ ——地基土不排水剪切的抗剪强度，在饱和性软黏土中，$\tau=0$。

地基稳定力矩与转动力矩之比称抗隆起安全系数，以 K 表示，若 K 满足下式，则地基土稳定，不会发生隆起。

$$K=M_r/M_{ov}\geqslant 1.2。$$

当土层为均质土时，则

$$K=2\pi c/(p+\gamma h)\geqslant 1.2$$

式中：c——内聚力地质报告提供；

q——坑侧上部荷载回填土取 $q=5.0\ \mathrm{kN/m^2}$。

式中 M_r 未考虑土体与板桩间的摩擦力以及垂直面 AB 上土体的抗剪强度对土体下滑的阻力，故偏于安全。

3.5 施工工艺流程

如图 3-5 所示，本项技术的主要施工工艺流程为：专项施工方案编制及专家论证→钢板桩的检验、矫正、吊装及堆放→改造制作弧形钢板桩→施工测量及观测→钢板桩的压桩施工→挖土及支撑系统施工→支护内结构施工→基坑回填→钢板桩的拔除→桩孔处理。

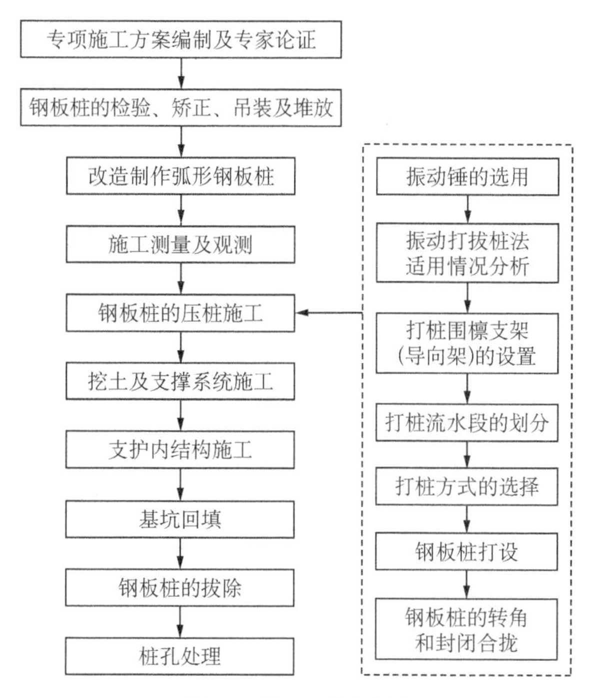

图 3-5　施工工艺流程图

3.6 施工操作要点

3.6.1 专项施工方案编制及专家论证

以泰州天禄湖国际大酒店项目为例，根据工程项目弧形深基坑的特征，经分析研究，进行地下工程施工的总体部署(图 3-6)，编制专项施工方案，并组织专家论证。因为建筑外形如三个圆环，对应地下工程也拥有三段圆弧，包括 A1 区、A2 区和 A3 区，地下为负一层至负二层，地上为五层至七层，基坑面积约 15 000 m^2，周长约为 650 m，垫层底标高为－6.70～－10.70 m(相对高程)。基坑开挖深度为－4.80～－8.90 m。针对该复杂造型的深基坑，项目部综合考虑基坑围护、降水、土方开挖等施工工艺，设计Ⅳ型拉森钢板桩的长度选择为 9 m、15 m 和 18 m 三种规格，其中 9 m 的 730 根、15 m 的 558 根和 18 m 的 68 根，共 1 356 根钢板桩。

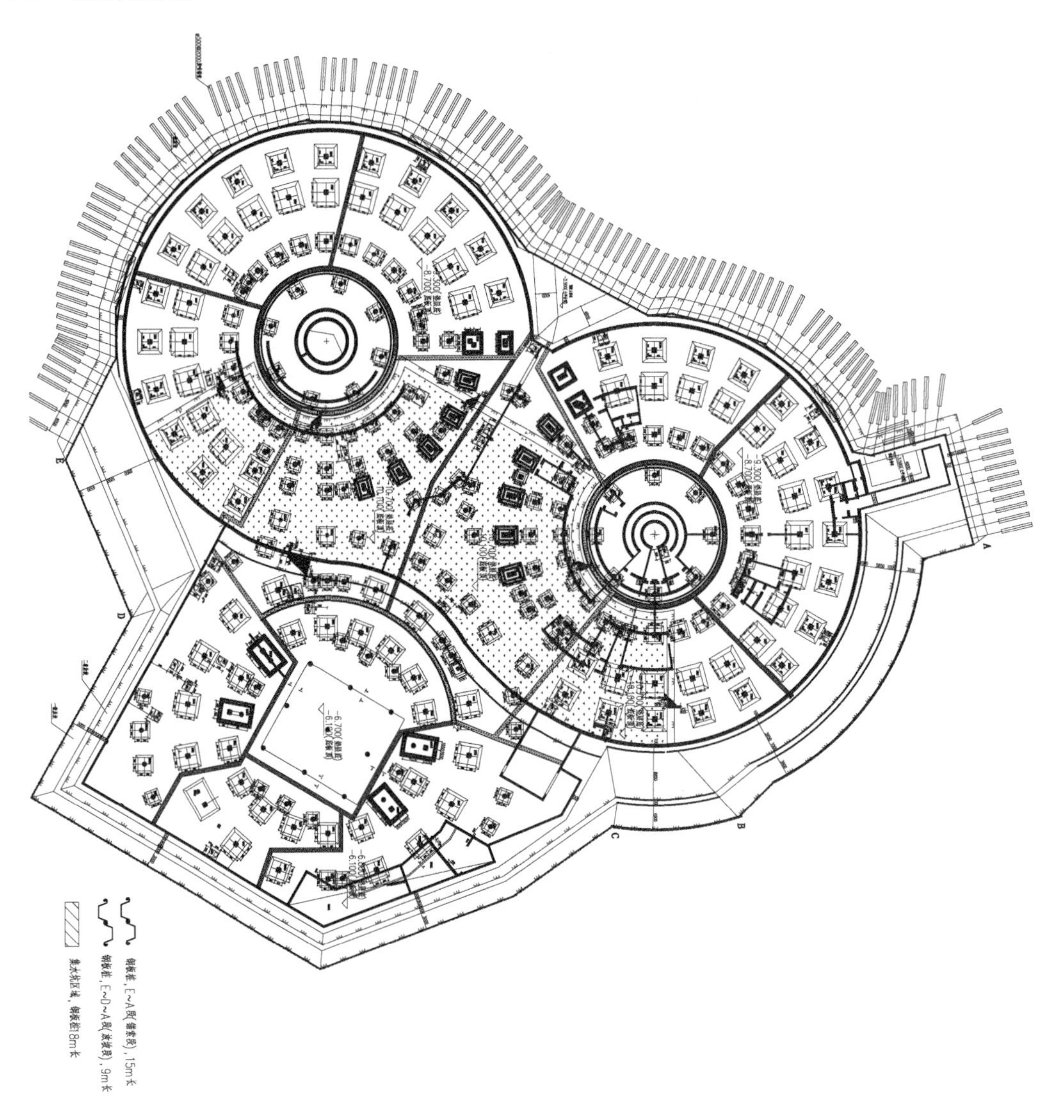

图 3-6　弧形深基坑钢板桩围护结构平面布置图

对于拉森钢板桩施工部分需考虑的技术管理要求包括：

(1) 钢板桩的设置位置要符合设计要求，便于基础施工，即在基础最突出的边缘外留有支模、拆模的余地。

(2) 基坑钢板桩的平面布置形状应统筹考虑平直和曲线部分，避免不规则的转角，以便标准钢板桩的利用和支撑设置。各周边尺寸尽量符合板桩模数。

(3) 依据弧形深基坑的弧度，对部分钢板桩进行弯曲改造，满足锁扣密实的技术要求。

(4) 在钢板桩施工前，应将桩尖处的凹槽底口封闭，锁口应涂油脂。用于永久性工程应涂红丹防锈漆。

(5) 在整个基础施工期间，在挖土、吊运、扎钢筋和浇筑混凝土等施工作业中，严禁碰撞支撑，禁止任意拆除支撑，禁止在支撑上任意切割、电焊，也不应在支撑上搁置重物。

(6) 在打桩及打桩机开行范围内清除地面及地下障碍、平整场地、做好排水沟和修筑临时道路。

3.6.2 钢板桩的检验、矫正、吊装及堆放

1) 钢板桩的检验

钢板桩运到工地后，需进行整理。清除锁口内杂物(如电焊瘤渣、废填充物等)，对缺陷部位加以整修。

(1) 用于基坑临时支护的钢板桩，主要进行外观检验，包括表面缺陷、长度、宽度、厚度、高度、端头矩形比、平直度和锁口形状等，新钢板桩必须符合出厂质量标准，重复使用的钢板桩应符合表 3-1 中的检验标准要求，否则在打设前应予以矫正。

表 3-1　重复使用的钢板桩检验标准

序号	检查项目	允许偏差	检查方法
1	桩垂直度	<1 mm	尺量
2	桩身弯曲度	<2%L	L 为桩长，尺量
3	齿槽平直度及光滑度	无电焊渣或毛刺	用 1 m 长的桩段做通过试验
4	桩长度	不小于设计长度	尺量

(2) 锁口检查的方法：用一块长约 2 m 的同类型、同规格的钢板桩作标准，将所有同型号的钢板桩做锁口通过检查。检查采用卷扬机拉动标准钢板桩平车，从桩头至桩尾做锁口通过检查。对于检查出的锁口扭曲及“死弯”进行校正。

(3) 为确保每片钢板桩的两侧锁口平行，同时尽可能使钢板桩的宽度都在同一宽度规格内，需要进行宽度检查。方法是：对于每片钢板桩分为上、中、下三部分用钢尺测量其宽度，使每片桩的宽度在同一尺寸内，每片相邻数差值以小于 1 为宜。对于肉眼看到的局部变形可进行加密测量。对于超出偏差的钢板桩应尽量不用。

(4) 钢板桩的其他检查。对于桩身残缺、残迹、不整洁、锈皮和卷曲等都要做全面检查，并采取相应措施，以确保正常使用。

(5) 锁口润滑及防渗措施。对于检查合格的钢板桩，为保证钢板桩在施工过程中能顺利插拔，并增加钢板桩在使用时防渗性能，每片钢板桩锁口都须均匀涂以混合油，其体积配合比为黄油∶干膨润土∶干锯末=5∶5∶3。

2）钢板桩的矫正

（1）表面缺陷矫正。先清洗缺陷附近表面的锈蚀和油污，然后用焊接修补的方法补平，再用砂轮磨平。

（2）端阔别矩形比矫正。一般用氧乙炔切割桩端，使其与轴线保持垂直，然后再用砂轮磨平修整切割面。当修整量不大时，也可直接采用砂轮修理。

（3）桩体挠曲矫正。腹向弯曲矫正是将钢板桩弯曲段的两端固定在支撑点上，用设置在龙门式顶梁架上的千斤顶顶在钢板桩凹凸处进行冷弯矫正；侧向弯曲矫正通常在专门的矫正平台上进行，将钢板桩弯曲段的两端固定在矫正平台的支座上，用设置在钢板桩的弯曲段侧面矫正平台上的千斤顶顶压钢板桩弯凸处，进行冷弯矫正。

（4）桩体扭曲矫正。这种矫正较复杂，可根据钢板桩扭曲情况，采用在专门的矫正平台上进行的方法矫正。

（5）桩体截面局部变形矫正。对局部变形处用千斤顶顶压、大锤敲击与氧乙炔焰热烘相结合的方法矫正。

（6）锁口变形矫正。用标准钢板作为锁口整形胎具，采用慢速卷扬机牵拉调整处理，或采用氧乙炔热烘和大锤敲击胎具推进的方法调直处理。

3）钢板桩吊运及堆放

装卸钢板桩宜采用两点吊。吊运时，每次起吊的钢板桩根数不宜过多，并应注意保护锁口免受损伤。吊运方式有成捆起吊和单根起吊。成捆起吊通常采用钢索捆扎，而单根吊运常采用专用的吊具。

钢板桩堆放的地点，要选择不会因压重而发生较大沉陷变形的平坦而坚固的场地，并便于运往打桩施工现场，必要时对场地地基土压实处理。堆放时应注意：

（1）堆放的顺序、位置、方向和平面布置等应考虑方便以后施工。

（2）钢板桩要按型号、规格、长度分别堆放，并设置标牌说明。

（3）钢板桩应分层堆放，每层堆放数量一般不超过 5 根，各层间要垫枕木，垫木间距一般为 3～4 m，且上、下层垫木应在同一垂直线上，堆放的总高度不宜超过 2 m。

3.6.3 改造制作弧形钢板桩

考虑既要避免专门订制弧形钢板桩，以利于降低施工成本，又要保证钢板桩围护墙体与地下工程弧形造型吻合度良好，还应保证围护墙体的抗渗漏性能和安全可靠性。因此，就地取材，采用常规的拉森钢板桩改造制作弧形钢板桩，主要操作要点如下：

（1）依据复杂形状深基坑的情况，进行分析研究，将钢板桩围护墙体划分为直线形和曲线形两类。然后对曲线形的钢板桩墙体模拟分析，确定其弧度和曲率半径。随后确定常规钢板桩与弧形钢板桩的布置方式。如图 3-7 所示，可以采用“一常规一改造”间隔布置的形式，构建“以折代曲”的弧形深基坑边界线。

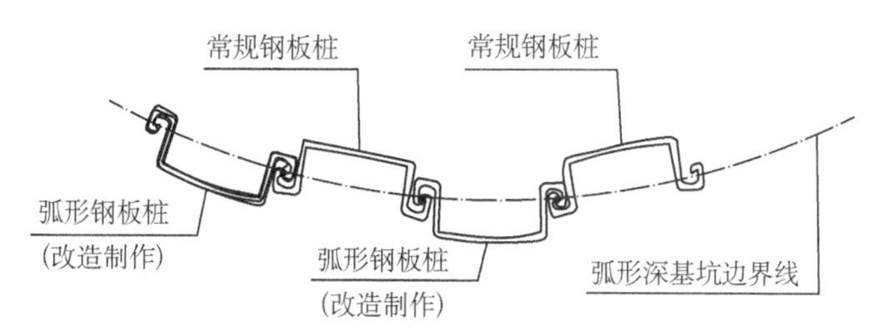

图 3-7　弧形钢板桩的布置方式

(2) 依据弧形钢板桩布置形式的放样图,确定单个弧形钢板桩弯曲的矢高,然后采用三轴压弯的加工制作工艺,将常规钢板桩压弯—改造制作成弧形钢板桩(图 3-8)。

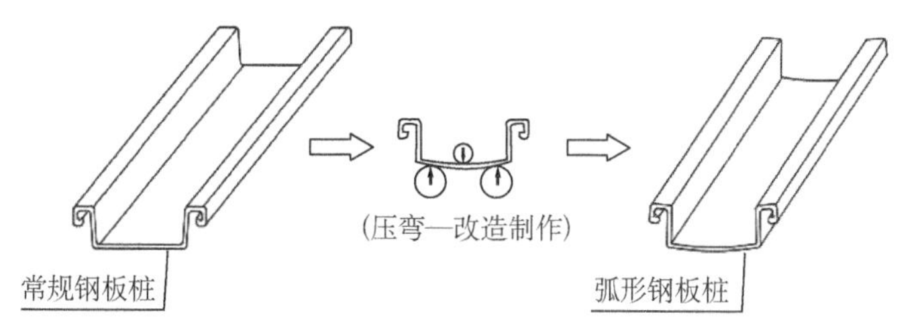

图 3-8　压弯—改造制作弧形钢板桩示意图

(3) 对弧形钢板桩的锁口进行"圆角处理",如图 3-9 所示,将原来常规钢板桩锁口的尖角边进行打磨,形成 $R=8\sim10$ mm 的圆角,从而增加相邻钢板桩之间自由转角的角度,利于构建弧形围护墙体,减少相邻钢板桩之间的摩擦阻力,方便弧形钢板桩的压桩施工和拔桩施工。

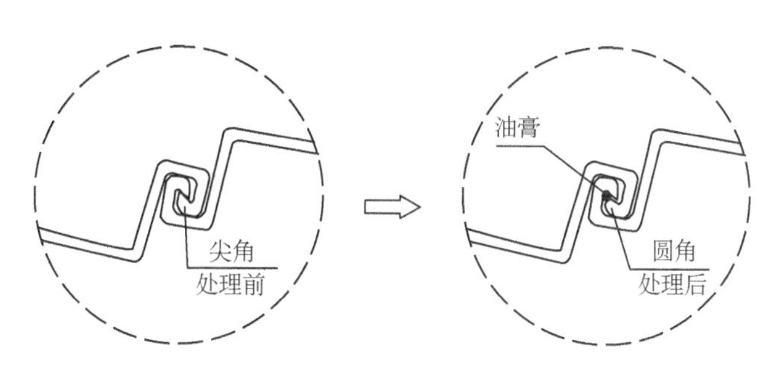

图 3-9　弧形钢板桩的锁口"圆角处理"对比示意图

3.6.4　施工测量及观测改造制作弧形钢板桩

(1) 根据支护结构设计图纸放线定位,同时做好测量控制网和水准基点。

(2) 基坑开挖及主体结构施工期间可在钢板桩上设置沉降及水平位移观测点通过变形观测对钢板桩的位移进行有效控制,以保证基坑安全。

3.6.5 钢板桩施工

1) 振动锤的选用

钢板桩振动打拔桩法选用的是高频液压振动锤。常用振动锤的性能如表 3-2 所示。

表 3-2 振动打拔桩锤性能

型号	质量(t)	功率(kW)	激振力(kN)	许用抗拔力(kN)	尺寸(m)	振幅(mm)	频率(r/min)	制造国家
DZ30	2.4	30	120	130	1.4×0.9×1.8		900	中国
DZ45	3.1	45	275	147	1.9×1.2×1.2	8～10	780	中国
DZ60	4.5	60	531	250	1.4×1.5×1.4	7.5	1 100	中国
DZ90	5.3	90	400～600	255	2.4×1.5×1.4			中国
DM2-5000		90	550		4.6×1.3×1.1	8.2	1 100	日本
DZ120	8.4	120	760	350	4.6×1.3×1.1			中国
DZ150	9.3	150	1 354	500	1.4×1.3×4.7			中国
DM2-2500		150	860		4.4×1.7×1.4	27	620	日本
M450	2	1 100	2 500	800	6.1×2.4×2.4	75	700	荷兰

2) 振动打拔桩法适用情况分析

高频液压振动锤桩机适用情况如表 3-3 所示。

表 3-3 高频液压振动锤桩机适用情况

钢板桩		地层条件				施工条件					费用	工程规模	优点	缺点
形式	长度	软弱黏土	粉土黏土	砂层	硬土层	辅助设施	噪声	振动	贯入能量	施工速度				
所有形式	很长桩不适合	合适	合适	可以	不可以	简单	小	大	一般	一般	一般	大工程	打拔都可以	油耗大

3) 打桩围檩支架(导向架)的设置

为保证钢板桩沉桩的垂直度及施打板桩墙面的平整度，在钢板桩打入时应设置打桩围檩支架，围檩支架由围檩及围檩桩组成。图 3-10 所示围檩系双面布置形式，打桩要求较低时也可单面布置，如果对钢板桩打设要求较高，可沿高度上布置双层或多层，这样，对钢板桩打入时导向效果更佳。一般下层围檩可设在离地面约 500 mm 处，双面围檩之间的净距应比插入板桩宽度放大 8～10 mm。围檩支架一般均采用型钢组成，如 H 型钢、工字钢、槽钢等，围檩桩的入土深度一般为 6～8 m，间距 2～3 m，根据围檩截面大小而定。围檩与围檩桩之间用连接板焊接。

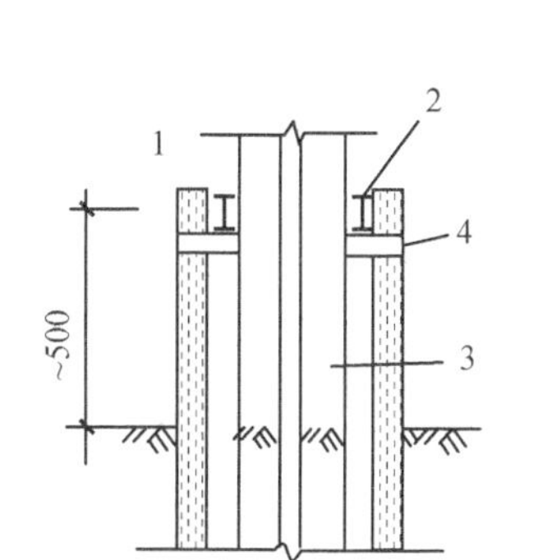

(a) 平面布置　　(b) 剖面图

图 3-10　打桩围檩支架

1—围檩桩；2—围檩；3—钢板桩；4—连接板

4）打桩流水段的划分

打桩流水段的划分与桩的封闭合拢有关。流水段长度大，合拢点就少，相对积累误差大，轴线位移相应也大，如图 3-11 中的(a)、(b)所示；流水段长度小，则合拢点多，积累误差小，但封闭合拢点增加，如图 3-11(c)所示。一般情况下，应采用后一种方法。另外采取先边后角打设方法，可保端面相对距离，不影响墙内围檩支撑的安装精度，对于打桩积累偏差可在转角外作轴线修正。

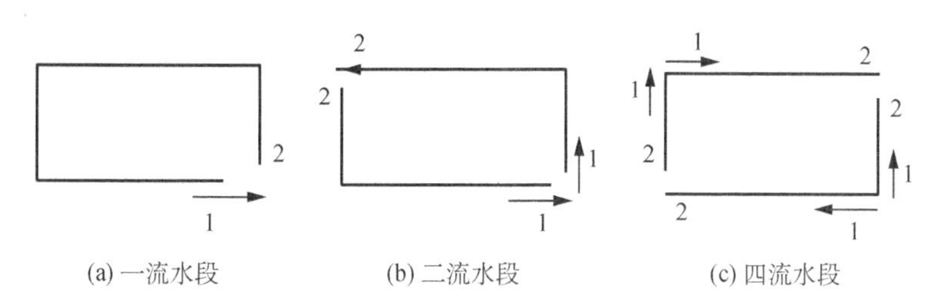

(a) 一流水段　　(b) 二流水段　　(c) 四流水段

图 3-11　打桩流水段划分

5）打桩方式的选择

(1) 单桩打入法

这种方法是以一块或两块钢板为一组，从一角开始逐块(组)插打，直至工程结束，如图 3-12 所示。这种打入方法施工简便，可不停顿地打，桩机行走路线短、速度快。但单块打容易向一边倾斜，误差积累不易纠正；墙面平直度难控制。

(2) 双层围檩法

这种方法是在地面上一定高度处离轴线一定距离处，先筑起双层围檩架，而后将板桩依次在围檩中全部插好，待四角封闭合拢后，再逐渐按阶梯状将板桩逐块打至设计标高的方法，如图 3-13 所示。这种打入法能保证板桩墙的平面尺寸、垂直度和平整度。但施工复杂，不经济，施工速度慢，封闭合拢时需异形板桩。

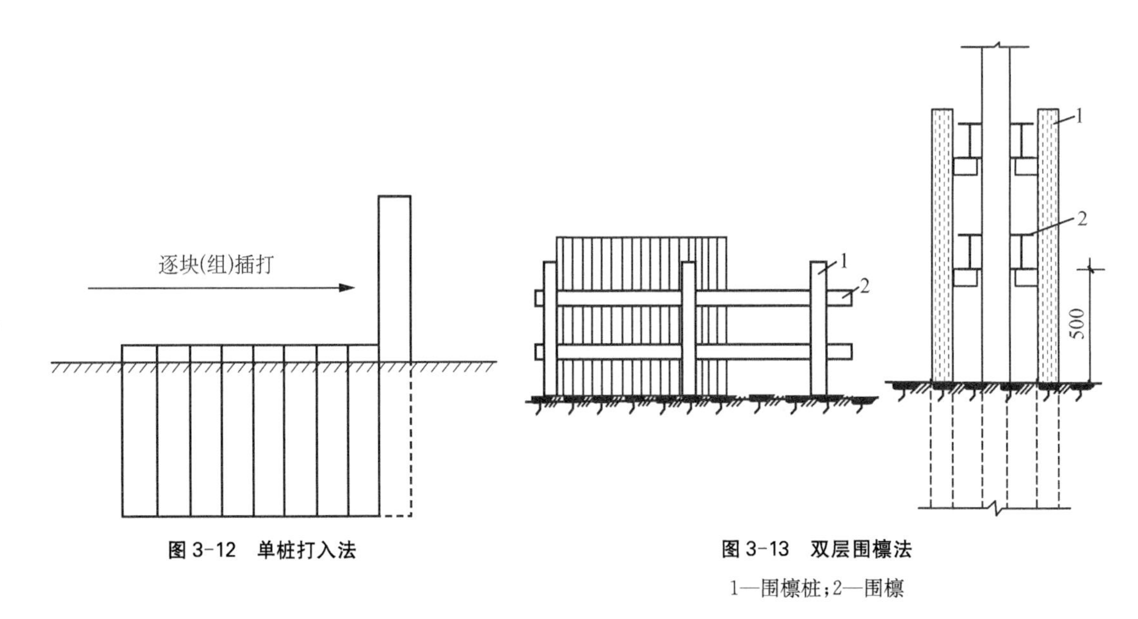

图 3-12　单桩打入法

图 3-13　双层围檩法

1—围檩桩;2—围檩

(3) 屏风法

用单层围檩每 10～20 块钢板桩组成一个施工段,插入土中一定深度形成较短的屏风墙(图 3-14);然后先将两端 1～2 块钢板桩打入,严格控制其垂直度,用电焊固定在围墙上,其余钢板桩按顺序分 1/2 或 1/3 板桩高度呈阶梯状打设;如此逐组进行,直至工程结束。这种方法能防止板桩过大的倾斜和扭转;能减少打入的累计倾斜误差,可实现封闭合拢;由于分段施打,不影响邻近钢板桩施工。但插桩的自立高度高,要采取措施保证墙的稳定和操作安全。

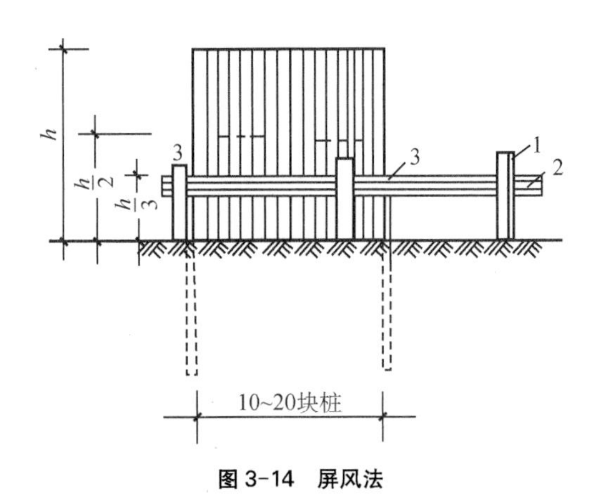

图 3-14　屏风法

1—围檩桩;2—围檩;3—两端先打入的定位钢板桩

6) 钢板桩打设

(1) 为防止锁口中心线平面位移,可在打桩进行方向的钢板桩锁口处设卡板,阻止板桩位移。同时在围檩上预先算出每块板桩的位置,以便随时检查校正。

(2) 开始打设的一两块钢板桩的位置和方向应确保精确，以便起到样板导向作用，故每打入 1 m 应测量一次，打至预定深度后应立即用钢筋或钢板与围檩支架焊接固定。

7) 钢板桩的转角和封闭合拢

由于板桩墙的设计长度有时不是钢板桩标准宽度的整数倍，或板桩墙的轴线较复杂，或钢板桩打入时的倾斜且锁口部有空隙，这些都会给板桩墙的最终封闭合拢带来困难，往往要采用异形板桩、轴线修整等方法来解决。

(1) 异形板桩法。在板桩墙转角处为实现封闭合拢，往往要采用特殊形式的转角桩——异形板桩，如图 3-15 所示。它是将钢板桩从背面中线处切开，再根据选定的断面组合而成。由于加工质量难以保证，打入和拔出也较困难，所以应尽量避免采用。

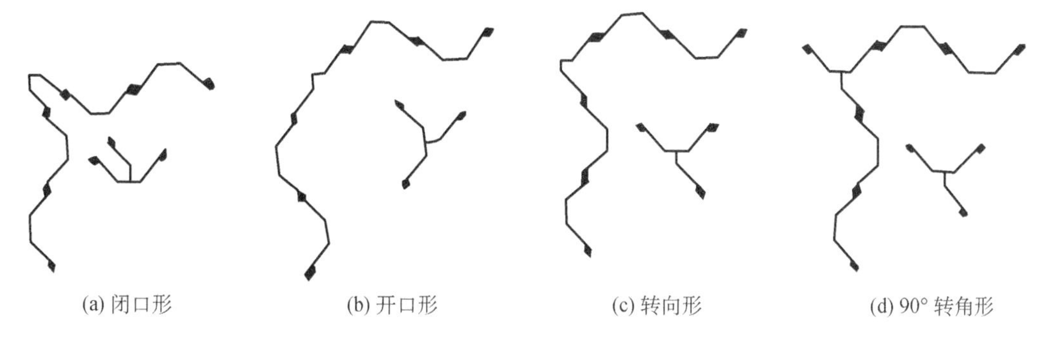

图 3-15　异形板桩

(2) 轴线修整法。通过对板桩墙闭合轴线设计长度和位置的调整，实现封闭合拢的方法，如图 3-16 所示。封闭合拢处最好选在短边的角部。轴线调整的做法如下：

① 沿长边方向打至离转角桩约尚有 8 块钢板桩时暂时停止，量出至转角桩的总长度和增加的长度。

② 在短边方向也照上述办法进行。

③ 根据长、短两边水平方向增加的长度和转角桩的尺寸，将短边方向的围檩与围檩桩分开，用千斤顶向外顶出进行轴线外移，经核对无误后再将围檩和围檩桩重新焊接固定。

④ 在长边方向的围檩内插桩，继续打设，插打到转角桩后，再转过来接着沿短边方向插打两块钢板桩。

⑤ 根据修正后的轴线沿短边方向继续向前插打，最后一块封闭合拢的钢板桩设在短边方向从端部算起的第三块板桩的位置处。

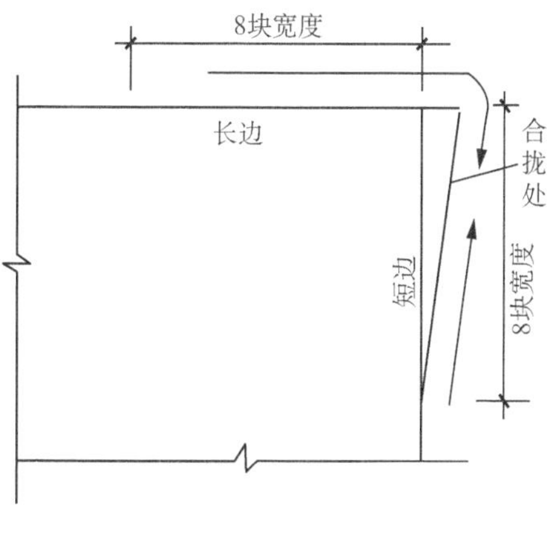

图 3-16　轴线修正

3.6.6 支撑系统施工

在软弱地基支护施工计中对钢板桩的支护形式常用两种方式：当基坑周围场地较大时，采用斜拉锚（旋喷锚杆桩）进行支承；当基坑较深，基坑周围场地较小时，常采用内支撑（钢管、H 型钢）结构进行支承。

1）斜拉锚支撑系统

为了确保基坑安全，如图 3-17 所示，在深基坑负二层区域通常会增加旋喷锚杆桩进行协同受力。

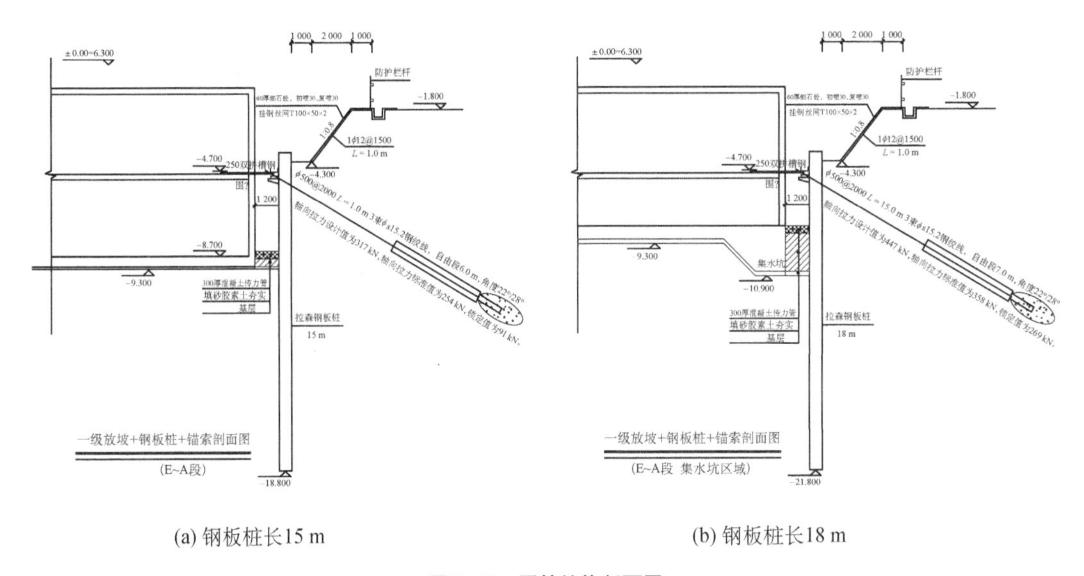

(a) 钢板桩长15 m　　(b) 钢板桩长18 m

图 3-17 围护结构剖面图

（1）锚桩施工工艺要求

① 锚桩采用旋喷桩，直径 ϕ500 mm，端部 2.0 m 长度范围的桩身直径扩大至 800 mm。采用 42.5 级普硅水泥，水泥掺入量 25%，水灰比 0.7（可视现场土层情况适当调整）；水泥浆应拌和均匀，随拌随用，一次拌和的水泥浆应在初凝前用完。旋喷搅拌的压力应不低于 28 MPa（以成桩试验参数为准并防止地面隆沉）。

② 旋喷锚桩内插 3 根 ϕ15.2 mm 钢绞线，进入旋喷桩底，钢绞线插入定位误差不超过 30 mm，底部标高误差不大于 20 cm，钢绞线端头采用 ϕ150 mm×10 mm 钢板锚盘。筋体应放在桩体的中心上，待旋喷锚桩养护 10 d 后施加预张力锁定，筋体与圈梁、锚具连接牢固。

③ 张拉采用高压油泵和 100 t 穿心千斤顶。正式张拉前先用 20%锁定荷载预张拉二次，再以 50%、100%的锁定荷载分级张拉，然后超张拉至 110%设计荷载，在超张拉荷载下保持 5 min，观测锚头无位移现象后再按锁定荷载锁定，锁定拉力为内力设计值的 70%。

④ 筋体强度标准值为 1 860 MPa，每根钢绞线由 7 根钢丝铰合而成，桩外留 0.7 m 以便

张拉，锚筋加工时，其长度应考虑灌注桩厚度及槽钢高度。

⑤ 加筋水泥土桩锚施工必须按照分段分层开挖，分段长度不宜大于 20 m。下层土开挖时，上层的斜锚桩必须有 14 d 以上的养护时间并已张拉锁定。

⑥ 水泥土锚桩钻孔前按施工图放线后确定位置，做上标记；钻孔定位误差小于 50 mm，孔斜误差小于 3°。

⑦ 锚桩桩径偏差不超过 2 cm，并严格按照设计桩长施工。

⑧ 钻孔机具选择应满足支护设计对设计参数的要求。

⑨ 锚头用冷挤压法与锚盘进行固定。搅拌桩及压顶梁强度达到 75%后方可进行张拉锁定。

⑩ 锚具采用 OVM 系列，锚具和夹具应符合《预应力筋用锚具、夹具和连接器应用技术规程》(JGJ 85—2010)。

(2) 腰梁施工工艺要求

弧形钢板桩围护的预应力锚索腰梁可采用双拼槽钢(20a)与 10 mm 厚钢板现场焊接，两侧均焊接钢板。同时在拉锚位置焊接 20 mm 厚加劲板。腰梁之间满焊对接并焊接 10 mm 厚钢板。如图 3-18 所示，每隔 800 mm 设置直径 25 mm 的钢筋托架，且与钢板桩满焊。具体施工工艺包括如下。

① 材料准备：槽钢必须具有出厂合格证及材质单，复试合格。钢板必须有出厂合格证及材质单，复试合格。

② 下料：钢板切割各配件尺寸符合图纸设计要求。钢板边线顺直，无毛刺。

③ 配件组装焊缝：焊缝外形应光滑、均匀，不得有漏焊、焊穿、裂纹等缺陷，并不宜产生咬肉、夹渣、气孔等缺陷。

④ 锚桩张拉前槽钢腰梁之间及腰梁与围护桩之间用 C25 素混凝土填实。

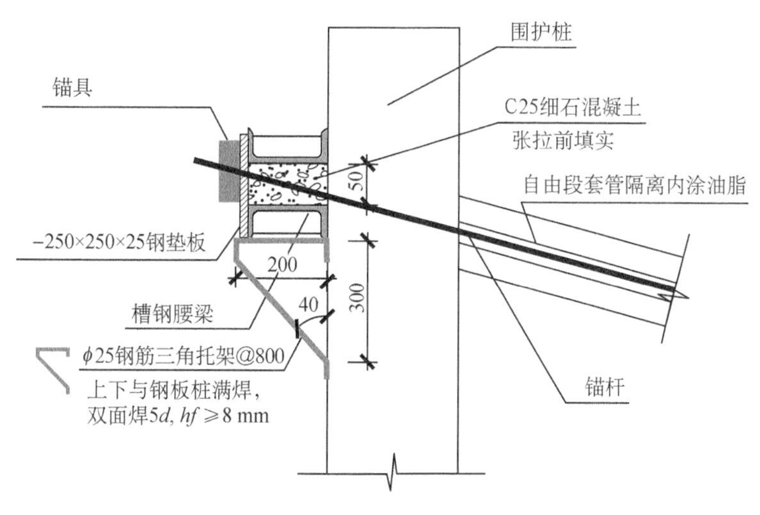

图 3-18　腰梁锚杆大样图

2) 内支撑系统

内支撑系统通常采用钢管或 H 型钢结构，如图 3-19 所示，适用于基坑周围场地较小的工作条件。

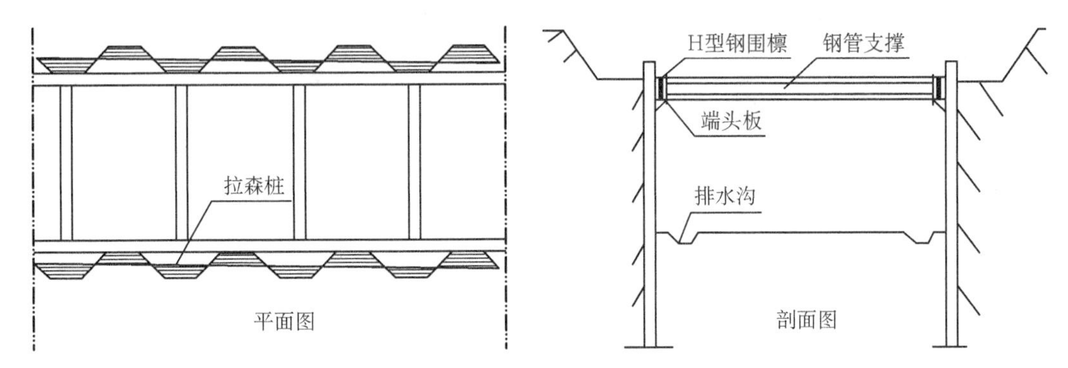

图 3-19 内支撑系统示意图

(1) 钢管支撑

一般采用 ϕ609 mm 钢管余料接长，也有采用 ϕ406 mm 钢管。具有支撑刚度大，单根支撑的承载力大，支撑间距较大(最大约 10 m)。但支撑与支撑、支撑与围檩的安装和连接麻烦，尺寸不易精确，现场工作量大，施工质量难以保证。

(2) H 形钢支撑

它是利用螺栓将 H 型钢进行连接。具有组装方便，现场装配简单，根据不同的基坑按设计要求进行组合和连接，可重复使用，在支撑杆件上能安装各种检测仪器进行施工检测。

(3) 支撑安装

① 根据支撑布置图在基坑四周钢板桩上口定出轴线位置。

② 根据设计要求，在钢板桩内壁用墨线弹出围檩轴线标高。

③ 由围檩标高弹线，在钢板桩上焊接围檩托架。

④ 安装围檩。

⑤ 根据围檩标高在基坑立柱上焊接支承托架。

⑥ 安装短向(横向)水平支撑。

⑦ 安装长向(纵向)水平支撑。

⑧ 在纵、横支撑交叉处及支撑间的空隙处，用夹具固定。

⑨ 在基坑周边围檩与钢板桩间的空隙处，用 C20 混凝土填充。

⑩ 为了使支撑受力均匀，在挖土前宜先给支撑施加预应力。施加预应力的方法为：(a)用千斤顶在围檩与支撑的交接处加压，在缝隙处塞进钢楔锚固，然后撤去千斤顶；(b)用特制的千斤顶作为支撑的一个部件安装在各根支撑上，预加荷载后留在支撑上，待挖土结束后，拆除支撑，卸去荷载。

3.6.7　土方开挖施工

钢板桩施工完后土方开挖施工是十分重要的一个环节，直接影响到支护系统的稳固，因此必须有可靠的开挖方案，否则可能导致支护失败。通常情况下支撑系统安装与土方开挖配合进行。

1）开挖施工前准备

基坑土方施工与基坑支护、基坑内工程桩的保护息息相关，本工程土方开工前应组织专家对土方施工方案的评审工作。

经过开挖条件验收，征得设计人员的同意可以根据基坑支护图、桩基施工图的要求及现场的实际工况进行分层开挖。

土方开挖前先做好定位放线工作，及时做好基坑降水。降水井应提前两周降水。为利于明水排除，沿基坑开挖面放好开挖边线，沿工作面周边做排水沟，并设置集水井。

2）技术准备工作

（1）学习和审查图纸

检查图纸和资料是否完整，核对平面尺寸和标高，图纸相互间有无错误和矛盾，并及时与甲方对接，确定开挖图纸。掌握设计内容及各项技术要求，了解工程规模、结构形式、特点、工程量和质量要求；熟悉土层地质、水文勘查资料；会审图纸，搞清地下构筑物与基础和周围地下管线等的关系。

（2）进行方案交底及技术交底。

（3）工程场地测量定位放线抄平，做好定位及控制桩点保护工作，对周围邻近建筑物或路面布置沉降观测点。

3）现场准备

（1）对现场的地上障碍物、渣土、电线杆以及树木等进行清除，对场地进行平整碾压。

（2）在三通一平的基础上进行施工场地围挡，根据支护要求接好电源及水源。

（3）平整钢筋、砂石料堆放、机械停放场地。

（4）场地照明设投光灯，满足夜间施工照明和土方施工车辆行驶要求。确保施工用电满足施工要求，照明线路的铺设满足相关安全规范要求。

4）物资准备

（1）根据施工前编制的材料需用量计划及机械设备的进场计划安排施工物资及时进场。

（2）钢筋、水泥、砂石等原材料均具备出厂合格证，进场后及时采样送试验室做原材料复试，为施工项目提供合格的材料。

5）机械准备

挖土运土机械设备分析如下：

(1) 挖机的配置：每台挖机按 1 700 m^3/d 考虑，最高峰共需 3 台，考虑转土等其他因素按 4 台配置。

(2) 装载汽车配置：高峰日均出土量按 5 000 m^3 考虑；装载汽车一天按 15 h 考虑，每辆汽车从装土至第二次装土需 0.5 h，一辆汽车每次运土 14 m^3，每天一辆汽车可运土 420 m^3 考虑。

6) 基坑开挖原则

(1) 弧形深基坑采用“分层开挖”，土方开挖应充分考虑时空效应规律，遵循分区、分块、分层、对称及平衡的原则，将基坑开挖造成的周围设施的变形控制在允许范围内。

(2) 土方开挖由专人指挥，采取分层分段对称开挖。严格遵循“分层开挖、严禁超挖”及“大基坑小开挖”的原则。开挖基础底板标高时，由于底板标高复杂，由专门技术人员及测量人员指挥，实时监测标高，防止超挖。

(3) 基坑内土方开挖与支护施工顺序严格按设计要求工况进行，土方开挖前应通知本工程项目部并要严格按照项目部技术人员要求进行开挖。支护桩、降水施工完成达到设计要求后，卸土开挖表层土至一级放坡的坡顶标高，进行挂网喷浆施工；挂网喷浆施工完成，进行二级放坡施工，开挖至垫层底标高上 0.8 m，进行直径 150 mm 的抗拔锚杆施工，施工结束后，过养护期方可向下进行分层对称开挖至设计标高。

(4) 针对本工程土层的特点，根据设计工况要求，土方开挖必须严格分层。并分层开挖至深坑底标高，其中底部 30 cm 土方由土建单位人工清除。清底后及时铺设垫层及浇筑底板，垫层应做到随清随浇，且延伸至围护桩边，严禁暴露时间过长。开挖时，基坑内部临时坡体应严格按照基坑支护施工图的要求设置，挖土高差不得大于 2 m。慎防土体局部坍塌造成桩、管井位移破坏、现场人员受伤和机械损坏等安全事故。

(5) 各层土方开挖必须遵循先里后外、先角后边的顺序，从里向外后退开挖。结合施工

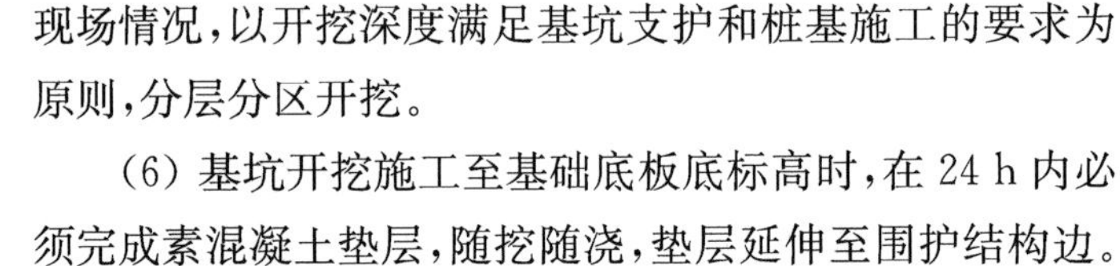

现场情况，以开挖深度满足基坑支护和桩基施工的要求为原则，分层分区开挖。

(6) 基坑开挖施工至基础底板底标高时，在 24 h 内必须完成素混凝土垫层，随挖随浇，垫层延伸至围护结构边。基坑内深坑开挖必须待普遍的垫层形成并达到设计强度后方可进行。

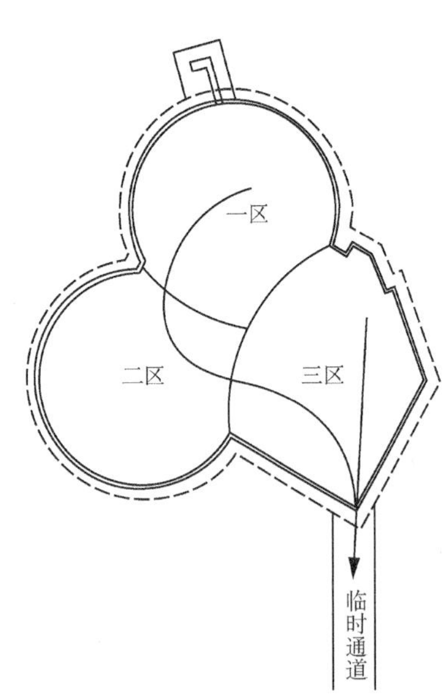

图 3-20　土方分区及开挖路线图

7) 基坑开挖程序

将自然地面土方平整至场平标高。场平标高按照业主提供的总平图纸中的地面绝对标高进行控制。在场平施工时首先进行支护结构施工作业面的平整，再进行基坑内降水井施工作业面的平整施工。避免降水、支护结构施工不及时而对土方开挖工程进度造成影响。

本工程土方开挖根据施工整体部署划分为三个区，三个区分别为一区、二区、三区（图 3-20），开挖时按照一区、

二区、三区的顺序进行。开挖流程工况如下：

(1) 根据基坑支护图的施工要求，第一次挖土挖至一级放坡的坡底，坡底标高为 −3.8 m、−4.8 m、−5.3 m。

(2) 根据基坑支护及桩基的施工要求，第二次挖土至一、二区至 −8.55 m，三区至 −5.95 m(即垫层底标高以上预留 0.8 m)。

(3) 抗拔锚杆施工完成过养护期后，进行第三次挖土，挖至垫层底标高(预留 30 cm 人工挖土)，完成出土。

3.6.8　钢板桩的拔除

1) 拔桩阻力计算

拔桩阻力 F 包括钢板桩与土的吸附力 F_e 及上一段钢板桩与土的侧面阻力 F_s：

$$F = F_e + F_s。$$

式中：F_e——钢板桩与土的吸附力

$$F_e = UL\tau,$$

其中U——钢板桩的周长；

L——钢板桩的长度；

τ——钢板桩与各土层吸附力按土层厚度的加权平均值(L 范围内)。对于静力拔桩取静吸附力；对于振动拔桩取动吸附力(不同土层与钢板桩的吸附力参见表 3-4)。

F_s——钢板桩与土侧面阻力

$$F_s = 1.2e_a Bh\mu,$$

其中e_a——作用在钢板桩上的主动土压力强度，按 h 范围内土层厚度的加权平均值(kN/m^2)；

B——钢板桩的宽度(m)；

h——钢板桩桩顶至坑底的长度(m)；

μ——钢板桩与土的摩阻阻力系数，取 0.3～0.40。

表 3-4　钢板桩不同土质中的吸附力 τ(kN/m^2)

土　质	静吸附力	动吸附力	动吸附力(含水量很少时)
粗砂砾	34.0	2.5	5.0
中砂(含水)	36.0	3.0	4.0
细砂(含水)	39.0	3.5	4.5
粉土	24.0	4.0	6.5
砂质粉土(含水)	29.0	3.5	5.5

续 表

土　质	静吸附力	动吸附力	动吸附力(含水量很少时)
黏质粉土	47.0	5.5	—
粉质黏土	30.0	4.0	—
黏土	50.0	7.5	—
硬黏土	75.0	13.0	—
非常硬黏土	130.0	25.0	—

2) 拔桩顺序

对于封闭式钢板桩墙,拔桩的开始点离开桩角 5 根以上,必要时还可间隔拔除。拔桩顺序一般与打桩顺序相反。

3) 拔桩注意事项

(1) 拔桩时,可先用振动锤将板桩锁口振活以减小土的阻力,然后边振边拔。对较难拔出的板桩可先用柴油锤将桩振打下 100～300 mm,再与振动锤交替振打、振拔。有时,为及时回填拔桩后的土孔,在把板桩拔至比基础底板略高时(如 500 mm)暂停引拔,用振动锤振动几分钟,尽量将土孔填实一部分。

(2) 起重机应随振动锤的起动而逐渐加荷,起吊力一般略小于减振器弹簧的压缩极限。

(3) 供振动锤使用的电源应为振动锤本身电动机额定功率的 1.2～2.0 倍。

(4) 对引拔阻力较大的钢板桩,采用间歇振动的方法,每次振动 15 min,振动锤连续工作不超过 1.5 h。

3.6.9 桩孔处理

(1) 板桩拔除后留下的土孔应及时回填处理,特别是周围有建筑物、构筑物或地下管线的场合,尤其应注意及时回填,否则往往会引起周围土体位移及沉降,并由此造成邻近建筑物等的破坏。

(2) 土孔回填材料常用砂子,也有采用双液注浆(水泥与水玻璃)或注入水泥砂浆。

(3) 回填方法可采用振动法、挤密法填入法及注入法等,回填时应做到密实并无漏填之处。

3.7 技术应用实施效果

技术应用项目泰州天禄湖国际大酒店(一期)工程获得 2020 年度江苏省绿色智慧示范片区项目、2021 年上半年江苏省建筑施工标准化文明示范“三星”工地、2021 年度江苏省装配式示范工程、2021 年江苏省高品质绿色示范项目等荣誉。工程建设质量管理小组活动成果“提高弧形深基坑钢板桩围护结构施工质量一次合格率”获得江苏省建筑行业协会Ⅱ类 QC 成果奖项。施工现场应用该项施工技术的实景如图 3-21 所示。

(a) 振压钢板桩

(b) 钢板桩围护成型

(c) 土方开挖与斜拉锚施工

(d) 地下钢筋混凝土工程施工

图 3-21　弧形深基坑钢板桩围护结构施工实景

第 4 章

弧形钢框架结构建造技术

4.1 技术背景

天禄湖国际大酒店项目钢结构工程为钢框架结构，结构造型复杂，为三个圆环形状(图 4-1)，共包含三栋建筑，A1 区和 A2 区地下二层、地上七层，A3 区地上五层、地下一层。地下一层层高为 3.9 m(局部层高 4.4 m)，地下二层层高为 4 m，地上一层为 6.6 m，二至五层每层为 3.9 m，六层为 4.1 m，七层为 3.9 m，建筑高度为 30.5 m，A3 区层高为 22.5 m。整个项目钢结构主要为箱形钢柱、少量圆管柱，以及 H 型钢梁。

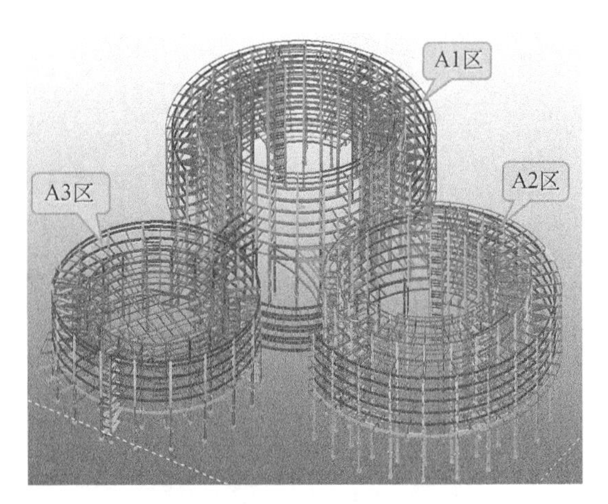

图 4-1　钢结构三维 BIM 模型图

该工程项目钢柱选用箱形钢柱和圆管柱，其截面有□600 mm×600 mm×24 mm×24 mm、□600 mm×600 mm×22 mm×22 mm、□500 mm×500 mm×22×22 mm、□500 mm×500 mm×20 mm×20 mm、□500 mm×500 mm×18 mm×18 mm、□400 mm×400 mm×18 mm×18 mm、□400 mm×400 mm×16 mm×16 mm、φ500 mm×460 mm×20 mm、φ600 mm×564 mm×18 mm 等多种，钢柱材质均为 Q355B。其典型节点如图 4-2 所示。

针对现场三台塔吊布置情况(图 4-3)，分别为 1# 塔吊、2# 塔吊、3# 塔吊；其中 1# 塔吊型号为 TC5610A，2# 和 3# 塔吊型号为 TC7022，通过查阅塔吊性能表可知，2# 和 3# 塔吊在臂

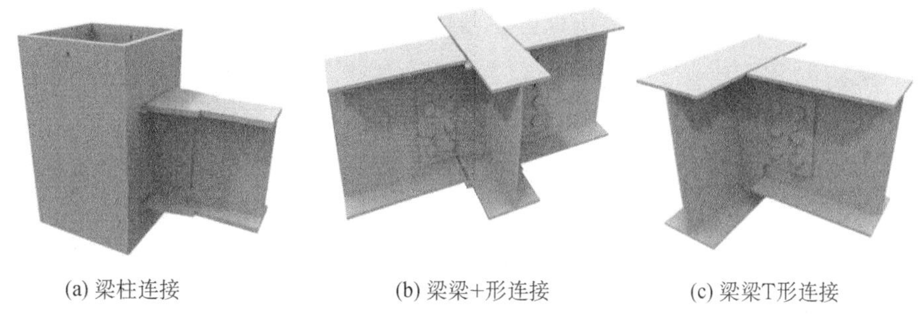

(a) 梁柱连接　(b) 梁梁+形连接　(c) 梁梁T形连接

图4-2　典型节点示意图

长70 m以及二倍率时能吊起2.2 t重物，1#塔吊在臂长56 m以及二倍率时能吊起1 t重物。分析钢柱吊装施工的整体状况如下：

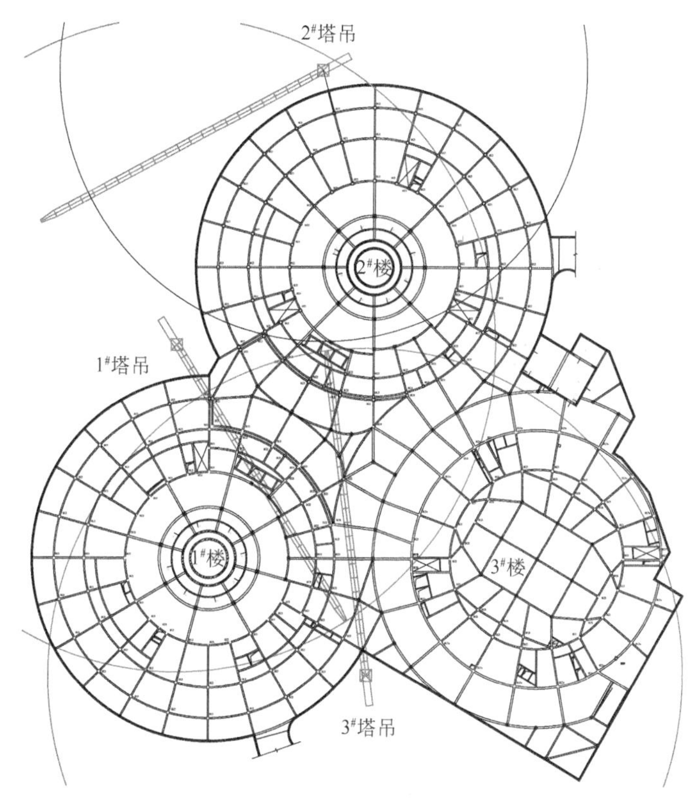

图4-3　天禄湖国际大酒店项目现场三台塔吊布置图

(1) A1区有16根钢柱不在塔吊吊装范围内或在塔吊吊装范围内而自身性能不能满足相关要求，这16根钢柱所在位置距离吊车中心最远距离为50 m，重量为5.1 t，故选用250 t汽车吊。其余钢柱均在塔吊吊装范围内，而且钢柱重量在塔吊TC7022的性能范围内。

(2) A2区有34根钢柱不在塔吊吊装范围内或在塔吊吊装范围内而自身性能不能满足相关要求，这34根钢柱所在位置距离吊车中心最远距离为55 m，重量为4.2 t，故选用250 t汽车吊。其余钢柱均在塔吊吊装范围内，而且钢柱重量在塔吊TC7022的性能范围内。

(3) A3 区有 32 根钢柱不在塔吊吊装范围内或在塔吊吊装范围内而自身性能不能满足相关要求，这 32 根钢柱所在位置距离吊车中心最远距离为 50 m，重量为 4.3 t，故选用 250 t 汽车吊。其余钢柱均在塔吊吊装范围内，而且钢柱重量在塔吊 TC7022 的性能范围内。

该工程项目共有 2 280 根弧形钢梁，钢梁为 H 形钢梁，有焊接 H 形和成品形钢，其截面有 H700 mm×400 mm×14 mm×26 mm、H440 mm×300 mm×12 mm×22 mm、H800 mm×350 mm×14×26 mm、H600 mm×400 mm×26 mm×30 mm、H1 600 mm×400 mm×26 mm×30 mm mm、H390 mm×300 mm×12 mm×24 mm、HM400 mm×300 mm、HM550 mm×300 mm、HN400 mm×200 mm、HM294 mm×200 mm，钢梁材质均为 Q355B。其空间定位和施工难度较大，单根弧形钢梁最大重量达 6 337.4 kg。钢梁构件吊装采用现场布置的塔吊进行吊装，局部采用 250 t 汽车吊进行配合吊装。典型的弧形钢梁详见表 4-1。

表 4-1　地上 A3 区九根大梁构件施工参数

序号	构件名	主截面型材(mm)	长度(mm)	单重(kg)	总重(kg)	吊装机械	吊装半径
1	A3-2GKL2-6	BH600×300×12×18	12 532.8	1 933.9	1 933.9	250 t 汽车吊	45 m
2	A3-2GKL2-11	BH600×300×12×18	12 532.8	1 933.9	1 933.9	250 t 汽车吊	45 m
3	A3-2GKL2-14	BH600×300×12×18	12 532.8	1 933.9	1 933.9	250 t 汽车吊	45 m
4	A3-2GKL2-18	BH600×300×12×18	12 532.8	1 933.9	1 933.9	250 t 汽车吊	45 m
5	A3-2GL8-3	BH1 600×400×26×30	10 559.5	6 323.4	12 646.8	250 t 汽车吊	45 m
6	A3-2GL8-4	BH1 600×400×26×30	10 559.5	6 337.4	12 674.8	250 t 汽车吊	45 m
7	A3-2GL8-5	BH1 600×400×26×30	10 559.5	6 323.4	12 646.8	250 t 汽车吊	45 m
8	A3-2GL8-6	BH1 600×400×26×30	9 850	6 060.4	12 120.8	250 t 汽车吊	45 m
9	A3-2GL8-7	BH1 600×400×26×30	9 850	6 074.5	6 074.5	250 t 汽车吊	45 m

根据弧形钢框架结构的钢构件重量特性和现场机械设置、场地情况，将钢柱分为 1～2 层一节进行吊装，钢梁均整根吊装无须分段。针对 A3 区域中间大钢梁，因为钢梁重量相对较大，现场塔吊额定吊重无法满足要求，常规汽车吊亦难以满足吊装要求，故将钢梁分成 3 段，用汽车吊进行安装。

钢梁与钢柱连接的钢牛腿(图 4-4)在工厂下料加工好，并在工厂与钢柱焊接好后再运至现场。钢牛腿长约 400 mm，与所连接钢梁同宽且同高。另外，牛腿翼缘板与腹板厚度也与所连接钢梁同厚度。用自制牛腿可以减轻梁的长度以及重量，方便现场安装。

钢结构施工区域先后顺序为：先施工 A1、A3 区，后施工 A2 区。钢结构吊装顺序根据塔吊布置位置，以由远到近，先主结构后次结构的原则逐层往上吊装。地下室钢构件安装顺序为：测量放线→预埋件安装→钢柱安装。地上钢构件安装顺序为：测量放线→钢柱安装→钢梁安装→高强螺栓安装→楼承板安装。

根据本项目钢结构特点，钢柱、钢梁、压型钢板安装由中间向两侧进行，压型钢板多片一起吊装后，堆放于一侧，采用人工搬运的方式进行铺设。

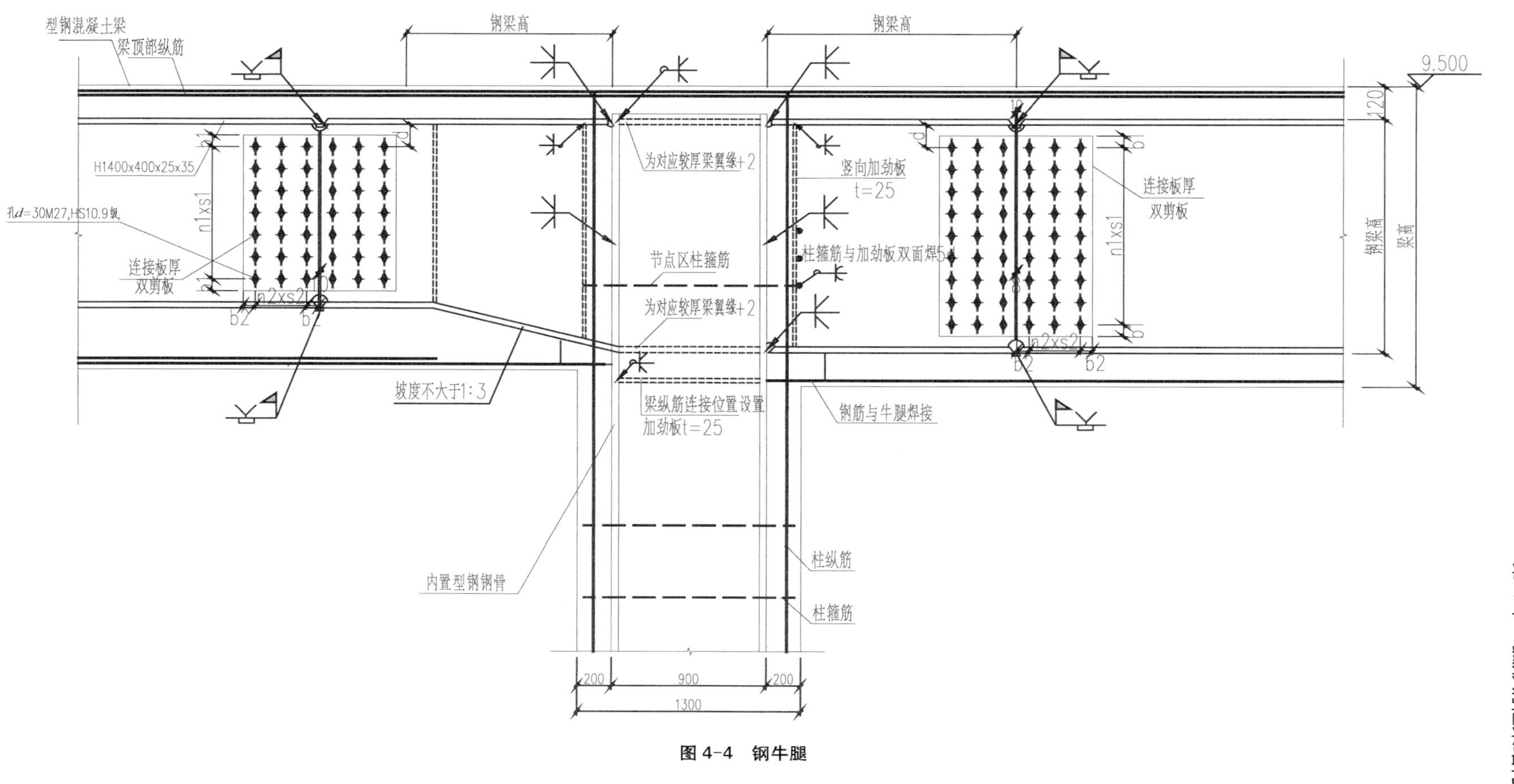

9.500
120
型钢混凝土梁
梁顶部纵筋
钢梁高
连接板厚
双剪板
竖向加劲板
t=25
柱箍筋与加劲板双面焊5
钢筋与牛腿焊接
柱纵筋
柱箍筋
为对应较厚梁翼缘+2
节点区柱箍筋
梁纵筋连接位置设置
加劲板t=25
内置型钢钢骨
坡度不大于1:3
H1400x400x25x35
孔d=30M27,HS10.9级
200
900
1300

图 4-4　钢牛腿

4.2 预埋件安装技术

该工程地下室钢柱地脚螺栓均在底板钢筋绑扎前埋设，利用角钢等形钢制作的钢支架固定，以保证地脚螺栓在底板钢筋绑扎及混凝土浇筑过程中不发生偏位，混凝土浇筑完后及时复测各个柱脚的地脚螺栓偏移状况。地脚螺栓安装主要流程为：测量放线→地脚螺栓固定架的设计与制作→地脚螺栓固定架的埋设。

4.2.1 测量放线

首先根据原始轴线控制点及标高控制点对现场进行轴线和标高控制点的加密，然后根据控制线测放出的轴线再测放出每一个埋件的中心十字交叉线和至少两个标高控制点，如图 4-5 所示。

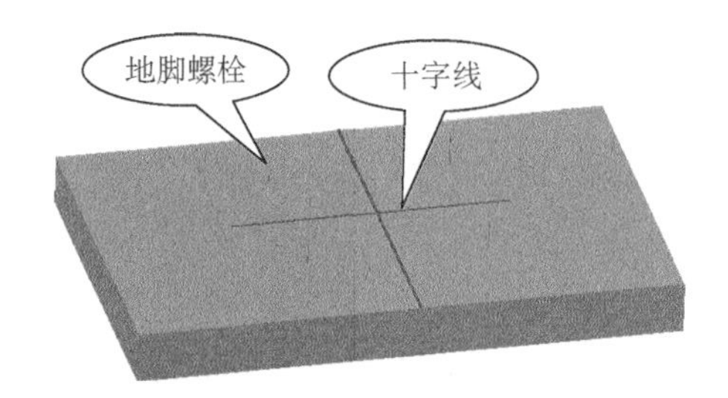

图 4-5 测量确定控制点

4.2.2 固定架的设计与制作

地脚螺栓支架采用 L125 mm×80 mm×12 mm 角钢作为主要材料，支架全部在工厂进行加工制作（图 4-6）以精确保证螺栓孔的间距尺寸，并复核测量固定架的矩形对角线尺寸，同时复核上、下两层固定架所保证的螺栓安装垂直度。

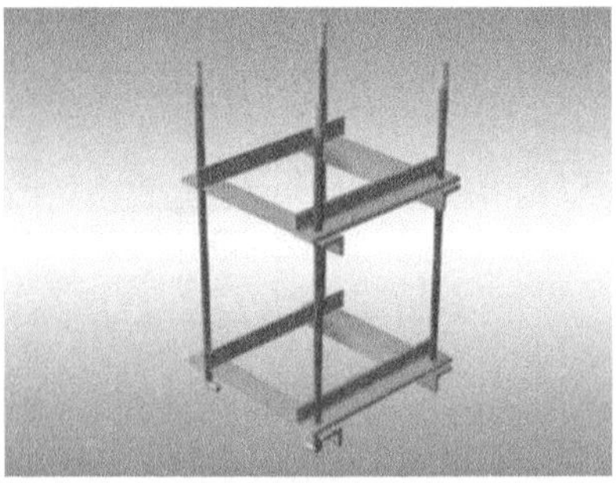

图 4-6 固定架制作模型

4.2.3 固定架的埋设

利用定位线及水准仪使固定支架准确就位后，将其与柱子周围的钢筋焊接固定，形成上下两道井字架，支托地脚螺栓，锚栓安装后对锚栓螺纹做好保护措施（图 4-7），最后一次浇筑混凝土时应对地脚螺栓进行检查，发现偏差及时校正。

(a) 模型

(b) 施工实景

图 4-7　固定架的埋设

4.3 钢柱安装技术

4.3.1 钢柱安装前的准备工作

（1）吊装前彻底清除柱基础及周围的垃圾、积水，对混凝土基础面重新凿毛，清除尘屑等杂物，并在基础上画出钢柱安装的纵横十字线。

（2）对预埋螺栓进行复核，复核的主要项目为：轴线位置、标高及螺栓的伸出长度。

（3）清理螺栓螺纹的保护膜，对螺纹的情况进行检查。

（4）测量基础混凝土顶面的标高，准备好不同厚度的铁垫块。

（5）准备好钢柱吊装用的临时爬梯、操作平台等。

（6）钢柱安装前应在柱身上挂钢爬梯及防坠器，用钢丝将钢爬梯与钢柱绑扎牢固。首节钢柱安装时应将缆风绳一起挂在钢柱上。

4.3.2 钢柱吊点选择

钢柱吊点的设置需考虑吊装简便，稳定可靠，还要避免钢构件的变形，钢柱吊点设置在钢柱的顶部，直接用临时连接板（图 4-8）。为保证吊装平衡，在吊钩下挂设两根具足够强度的单绳进行吊运，为防止钢柱起吊时在地面拖拉造成地面和钢柱损伤，钢柱下方应垫好枕木，钢柱起吊前绑好爬梯。

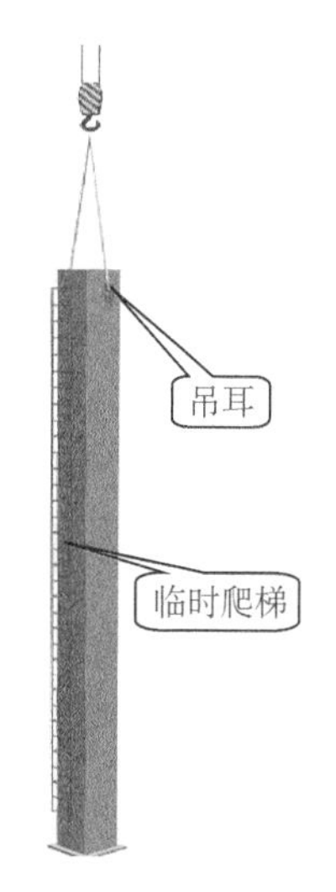

图 4-8　钢柱吊点选择

4.3.3 吊装过程控制

(1) 先检查、复核基础轴线位置、高低偏差、平整度和标高，然后弹出每榀钢柱基础的十字中心基准线和基准标高，并安装柱脚板下口的调节螺母。

(2) 检查钢柱的编号、中心基准点、高差基准点、吊点以及表面损伤情况，待检验合格后即可提供吊装。

(3) 大部分钢柱采用塔吊吊装，对于不在塔吊辐射范围内的钢柱，根据具体情况分别采用 50 t、100 t、200 t、250 t 汽车吊吊装。关于钢柱吊装，先试吊，吊装时应对准基准中心线进行安装，同时用水准仪控制标高；装采用斜吊法及旋转吊法相结合，钢丝绳绑扎点与钢构件接触点之间应用软材料保护好钢构件，以防钢构件及钢丝绳受损；起重机边回转边起钩，使柱绕柱脚旋转而直立，钢柱吊起后，先将柱脚板孔对准预埋螺栓并插入其中，回转吊杆，使柱头大致垂直后初步对中。

(4) 吊装就位后，立即使用经纬仪等仪器进行钢柱垂直度、标高的校正。

(5) 钢柱吊装应按照各施工段的安装顺序进行，并及时形成稳定的单元体系。

(6) 每根钢柱安装后应及时进行初步校正。

(7) 校正时应对轴线、垂直度、标高及焊缝间隙等因素进行综合考虑，全面兼顾，每个分项的偏差值都要达到设计及规范要求。钢柱安装前必须焊好安全环及绑牢爬梯并清理污物。

(8) 起吊前，钢柱应横放在垫木上，起吊时，不得使用权构件在地面上有拖拉现象，回转时，需有一定的高度。起钩、旋转、移动三个动作交替缓慢进行，就位时缓慢下落，防止擦坏基础预埋螺栓和构件受损。

(9) 钢柱就位轴线调整。钢柱就位采用专用角尺检查，调整时须 3 人操作：一人采用撬棍移动钢柱，一人协助稳定，另一人检测。就位误差应控制在 3 mm 以内。

4.3.4 首节钢柱安装

吊装前在柱顶设置施工操作平台，并挂设临时爬梯和防坠器。钢柱吊装完成后高空临时螺栓须连接固定，及时安装柱间连梁形成稳定体系，并进行测量、校正和焊接等后续工序施工。具体施工步骤及操作流程如表 4-2 所示。

表 4-2 首节钢柱的施工步骤及操作流程

序号	施工步骤	操作流程	示意图例
1	测量定位	首节钢柱安装前复测地脚螺栓位置及标高是否与图纸相符，若地脚螺栓误差过大，则应将柱脚底板上的螺栓孔焊完后	

续　表

序号	施工步骤	操作流程	示意图例
1	测量定位	重新根据实际尺寸开孔。吊装前地脚螺栓先拧入一个螺母及垫片并将垫片顶部标高调到与钢柱底标高一致，误差不超过 1 mm	
2	吊装准备	钢柱安装前应在柱身上挂钢爬梯及防坠器，用钢丝将钢爬梯与钢柱绑扎牢固。首节钢柱安装时应将缆风绳一起挂在钢柱上	
3	钢柱吊点设置	钢柱吊点的设置需考虑吊装简便、稳定可靠，还要避免钢构件的变形，钢柱利用连接耳板作为吊耳，连接耳板最上方的螺栓孔直径设计为 40 mm 作为吊装孔，便于卡环销轴穿入	
4	钢柱柱脚地位	首节钢柱就位后调整柱身位置，直到柱底板十字丝与轴线重合后，在柱底板上面再加垫块及螺母拧紧地脚螺栓	
5	钢柱安装	钢柱底部就位后将四面缆风绳拉紧固定，通过倒链调节钢柱垂直度，垂直钢柱用两台经纬仪测量垂直度偏差	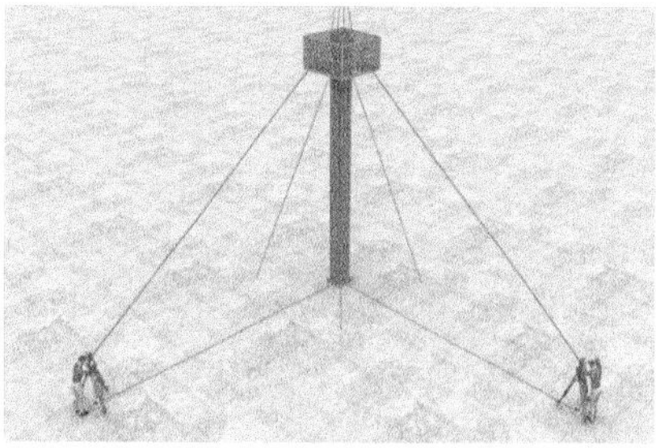

续　表

序号	施工步骤	操作流程	示意图例
6	钢柱临时加固	钢柱安装连接就位后，在钢柱对应两侧用钢管临时支撑，防止钢柱倾斜以及侧翻	钢梁 钢梁 钢梁 钢梁 钢柱 钢柱 钢梁 钢管 钢管 钢管 钢管 钢管 钢柱 钢管 钢管 钢柱 钢管

4.3.5 首节以上钢柱安装

首节以上钢柱安装前，同样需先将钢爬梯及防坠器固定在柱头，临时连接夹板应随钢柱一起吊装。如图 4-9 所示，钢柱就位后将安装临时夹板，锁紧临时安装螺栓，钢柱固定牢靠后才能松钩。另在钢柱安装前必须复核钢柱轴线位置，看下层钢柱安装是否有误差。若无误差再进行钢柱安装，若有误差则标记出来，在安装上层钢柱时进行调节以避免累计误差。每层钢柱吊装前重复以上工作内容。测量放线方法以及标注和验证方式同地下室预埋件放线相同。

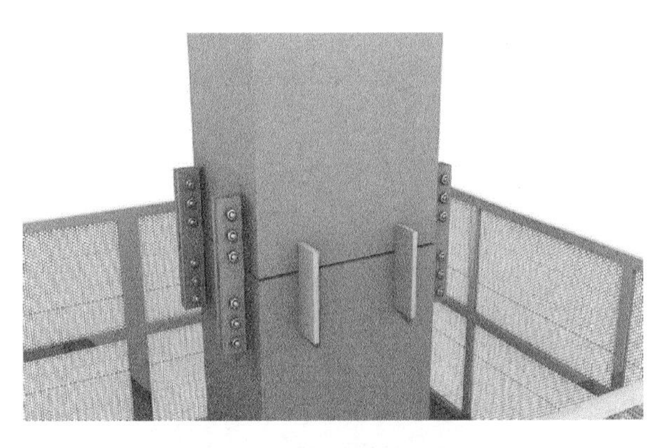

图 4-9　钢柱连接节点示意图

钢柱校正时先校正水平方向，再校正垂直方向。如图 4-10 所示，水平方向校正时在下柱口焊接七字板，用千斤顶在水平方向顶压上柱口，以此调整钢柱水平位置，直到上下钢柱的翼缘板全部对齐后，焊接限位板限制翼缘水平方向错动（此时限位板只焊接下柱口侧），限位板焊接完即可拆除千斤顶及七字板，完成水平方向校正。

钢柱垂直方向校正同样用千斤顶进行校正，校正前测量记录下柱头位移偏差值，校正时按下柱头的偏差值进行钢柱垂直度校正。如测得下柱头向南偏移 2 mm，则在校正上柱时应将柱顶往北倾斜 2 mm，以消化下节柱的偏差，始终将柱顶位置调到理论坐标值。如图 4-11 所示，在校正钢柱垂直度时，稍微松开临时连接夹板的安装螺栓，在上、下柱口焊接托板，托板之间安放千斤顶，千斤顶受力顶压上、下托板时钢柱开始往千斤顶另一侧倾倒，当倾倒到位后锁紧临时连接夹板的安装螺栓，并焊接限位板上柱口侧，拆除千斤顶，完成垂直方向校正。钢柱校正完即可进行焊接，焊接时两个焊工对称焊接，焊接速度应保持同步，减少焊接造成钢柱垂直度的偏差。焊接完成后切除限位板，打磨、探伤检测，合格后进行补漆。

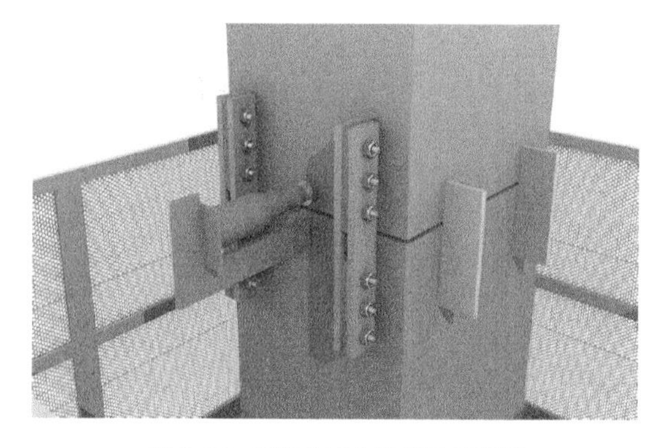

图 4-10　钢柱水平位置校正示意图

图 4-11　钢柱垂直度校正示意图

4.3.6　钢柱安装注意事项

（1）如图 4-12 所示，钢柱吊装应按照各分区的安装顺序进行，并及时形成稳定的框架体系。

（2）每根钢柱安装后应及时进行初步校正，以利于钢梁安装和后续校正。

（3）校正时应对轴线、垂直度、标高和焊缝间隙等因素进行综合考虑，全面兼顾，每个分项的偏差值都要达到设计及规范要求。

（4）钢柱安装前必须焊好安全环及绑牢爬梯并清理污物。

（5）利用钢柱的临时连接耳板作为吊点，吊点必须对称，确保钢柱吊装时为垂直状。

（6）每节柱的定位轴线应从地面控制线直接从基准线引上，不得从下层柱的轴线引上。

（7）结构的楼层标高可按相对标高进行，安装第一节柱时从基准点引出控制标高在混凝土基础或钢柱上，以后每次使用此标高，确保结构标高符合设计及规范要求。

（8）在形成空间刚度单元后，应及时对柱底板和基础顶面之间的空隙进行混凝土二次浇灌。

（9）钢柱定位后应及时将垫板、螺帽与钢柱底板点焊牢固。

（10）上部钢柱之间连接的连接板待校正完成并全部焊接完毕后，将连接板割掉，并打磨光滑，且涂上防锈漆，割除时不得伤害母材。

（11）起吊前，钢构件应横放在垫木上；起吊时，不得使用权构件在地面上有拖拉现象；回转时，需有一定的高度。起钩、旋转、移动三个动作交替缓慢进行，就位时缓慢下落，防止擦坏螺栓丝扣。

(a) 中部塔吊吊装

(b) 边部汽车吊吊装

图 4-12 钢柱吊装施工实景

4.4 钢梁安装技术

4.4.1 钢梁安装前的准备

天禄湖国际大酒店项目框架梁为焊接 H 型钢梁，框架梁与钢柱为刚性连接，钢梁安装时可先将腹板的连接板用临时螺栓进行临时固定即可，待校正完毕后，更换为高强螺栓并按设计和规范要求进行高强螺栓的施工以及钢梁焊接。弧形钢梁安装前的准备工作内容主要包括：

(1) 吊装前彻底清除钢梁上部的尘屑等杂物，对运输及现场倒运造成的油漆损坏部位进行修补。

(2) 对钢柱复核，主要项目为：钢柱标高、轴线位置及垂直度。

(3) 准备好连接板及临时螺栓。

(4) 准备好钢梁吊装用的吊耳、临时爬梯、操作平台及安全措施等。

(5) 节点安装所需的螺栓,按所需数量和规格装入工具包挂在两端节点处,每个节点用一个,包口必须扎紧,防止螺栓坠落伤人。

4.4.2 钢梁安装方法

(1) 首节钢柱安装完后立即安装钢柱间的钢梁,将钢柱连成整体,增强稳定性。如图 4-13 所示,钢梁吊装时吊点设置在距梁端 $L/3$ 位置,应焊接吊耳作为吊点,吊耳板的厚度及焊缝的承载力应满足吊装要求。

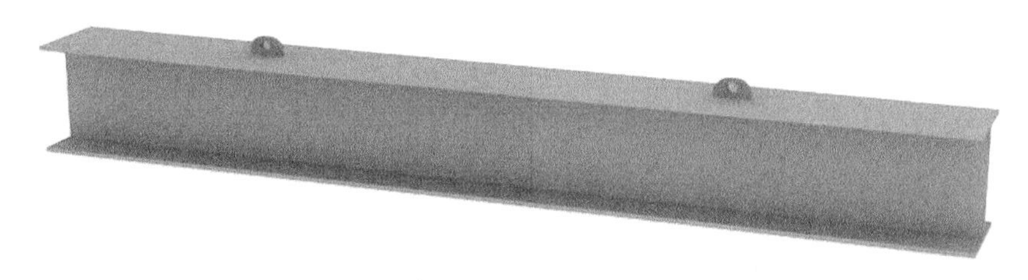

图 4-13　钢梁吊点设置

(2) 如图 4-14 所示,钢梁吊装就位后安装夹板,穿入安装螺栓,再用高强螺栓替换安装螺栓进行换穿,最后按从中间向四周的方向拧紧高强螺栓。

图 4-14　高强螺栓拧紧示意图

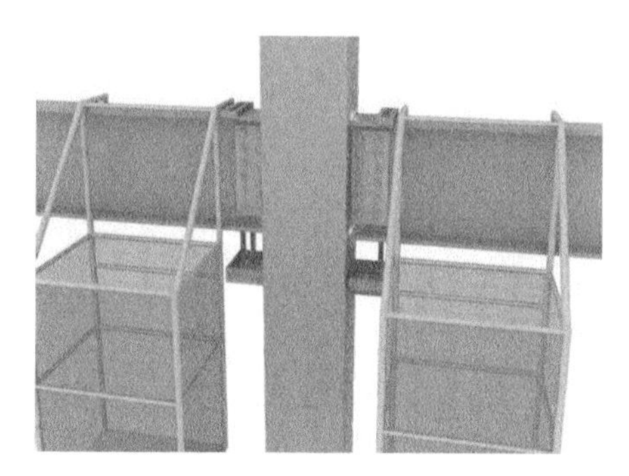

图 4-15　钢梁焊接现场的安全文明生产措施示意图

(3) 高强螺栓拧紧后再进行上、下翼缘的焊接。如图 4-15 所示,焊接时在节点位置采取安全文明生产措施:挂吊篮以便于焊工施焊,焊口下方挂接火斗,避免火花四处飞溅,引起火灾。

4.4.3 钢梁安装措施

1) 钢梁的吊装措施

为方便现场吊装,确保吊装安全,钢梁在工厂加工制作时,应在钢梁上翼缘焊接吊耳(图 4-16),吊点到钢梁端头的距离一般为构件总长的 1/4。具体原则见表 4-3。

表 4-3　钢梁吊装的吊耳设计原则

翼缘厚 \ 重量	重量小于 2.0 t	重量大于 2.0 t
翼缘板厚≤16 mm	开吊装孔	设吊耳
翼缘板厚>16 mm	设吊耳	设吊耳

如图 4-17 所示，在同一相邻区域内，为了提高吊装效率，在起重性能允许的范围内对部分钢梁进行一勾多吊。

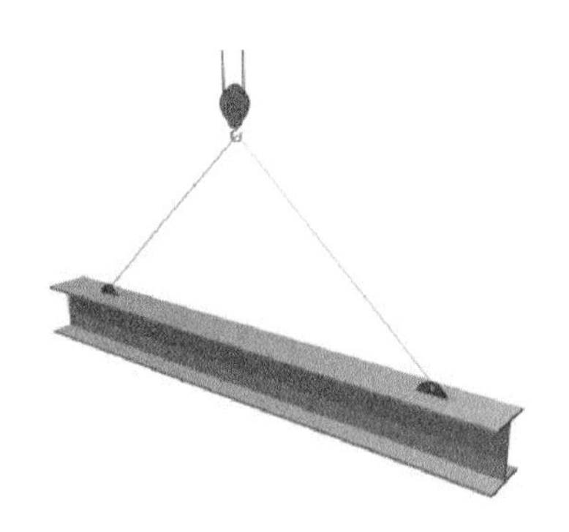

图 4-16　吊耳吊装示意图

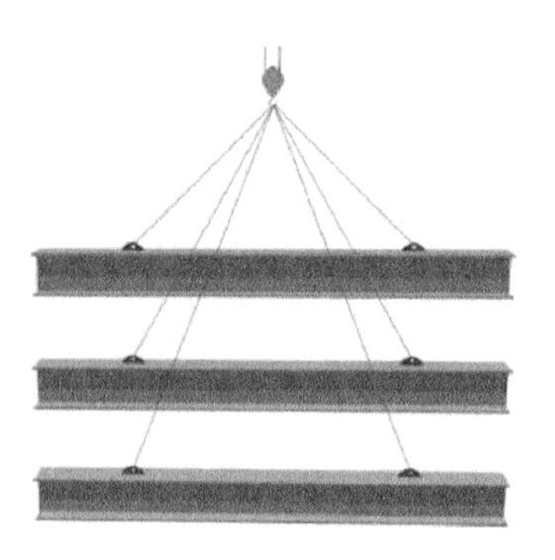

图 4-17　楼层梁一勾多吊

2）现场安装措施

如图 4-18 所示，钢梁吊篮由 ϕ12 mm 的圆钢组成，待地面验收合格后吊至钢梁侧边，以方便现场施工人员对钢梁的安装和校正。如图 4-19 所示，楼层部分钢梁吊装前，分别在钢梁两端上翼缘处各竖向安装一根 ϕ48 mm 长度为 1 200 mm 的圆钢防护立杆，然后在两根立杆之间拉钢丝绳(图 4-19)，确保钢梁安装时施工人员行走安全。

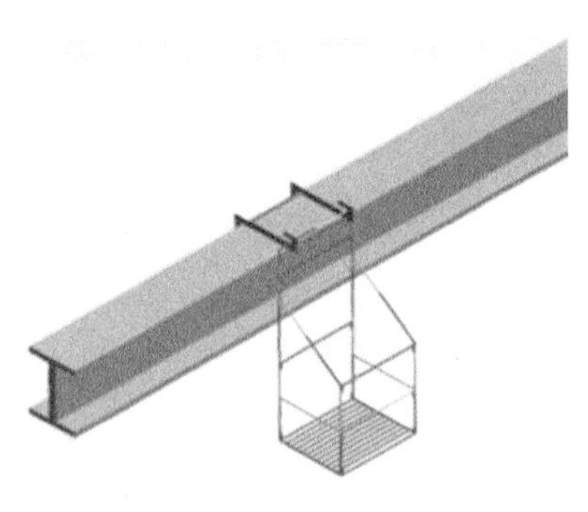

图 4-18　吊篮设置

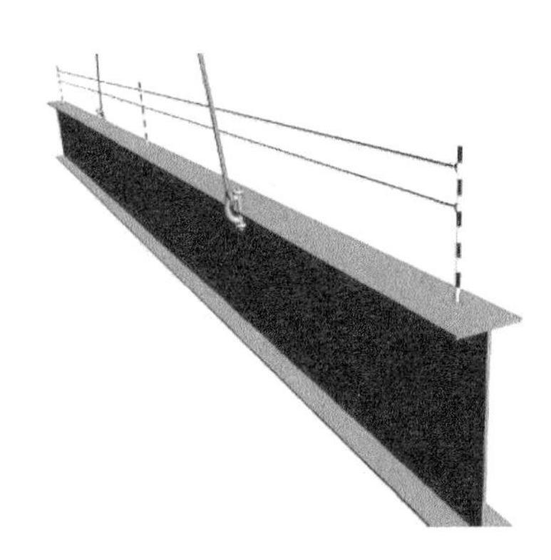

图 4-19　安全绳设置

3）钢梁一勾多吊施工实景

钢梁一勾多吊施工如图 4-20 所示。

图4-20 钢梁一勾多吊施工实景

4.4.4 钢梁的就位与临时固定

(1) 钢梁吊装前,应清理钢梁表面污物;对产生浮锈的连接板和摩擦面在吊装前进行除锈。

(2) 待吊装的钢梁应装配好附带的连接板,并用工具包装好螺栓。

(3) 钢梁吊装就位时要注意钢梁的上、下方向及水平方向,确保安装正确。

(4) 钢梁安装就位时,及时夹好连接板,对孔洞有偏差的接头应用冲钉配合调整跨间距,然后再用普通螺栓临时连接。普通安装螺栓数量按规范要求不得少于该节点螺栓总数的30%,且不得少于两个。

(5) 为了保证结构稳定、便于校正和精确安装,对于多楼层的结构层,应首先固定顶层梁,再固定下层梁,最后固定中间梁。当一个框架内的钢柱钢梁安装完毕后,及时对此测量校正。

4.4.5 钢梁安装注意事项

(1) 在对钢梁标高、轴线的测量校正过程中,一定要保证已安装好标准框架的整体安装精度。

(2) 钢梁安装完成后应检查钢梁与连接板的贴合方向。

(3) 钢梁吊装顺序应严格顺应钢柱的吊装顺序进行,及时形成框架,保证框架的垂直度，为后续钢梁的安装提供方便。

(4) 处理产生偏差的螺栓孔时，只能采用绞孔机扩孔，不得采用气割扩孔的方式。安装时应用临时螺栓临时固定，不得将高强螺栓直接穿入。安装后应及时拉设安全绳，以便于施工人员行走时挂设安全带，确保施工安全。

(5) 钢梁校正措施应采用成熟工艺进行，如图 4-21 所示，可借助钢楔、千斤顶、手拉葫芦等工具。一旦校正结束，各连接节点处采用临时定位板进行固定，以适应焊接变形调整的需要。

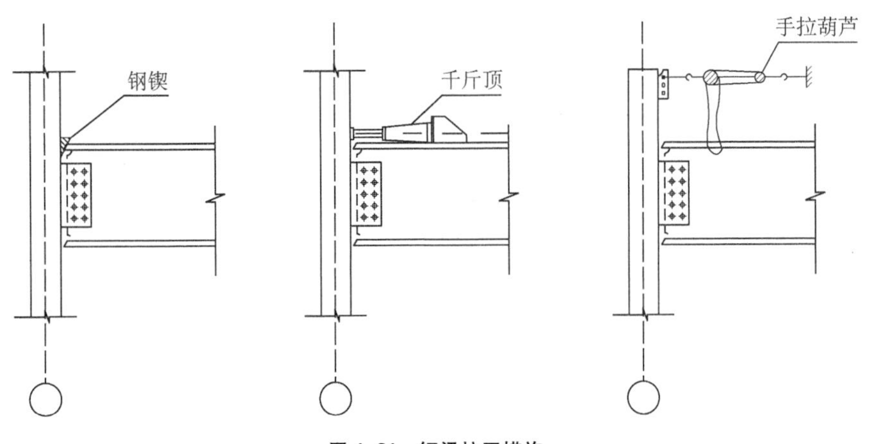

图 4-21 钢梁校正措施

4.4.6 A3 区长钢梁安装

天禄湖国际大酒店项目的 A3 区大堂二层有 3 根钢梁长度较长，约 31.6 m。钢梁为 H 型钢梁，其材质为截面规格为 BH1 600 mm×400 mm×26 mm×30 mm，由于现场场地以及运输等因素影响，必须将钢梁在工厂加工时分成 3 段加工。由于拼装后的钢梁较重(约 20 t)，另塔吊距离钢梁较远(45 m)，而本工程使用塔吊型号为 TC－7022，故不能用塔吊进行安装；另由于场地受限，吊车不能进入大堂，故分段用 250 t 吊车进行安装，每段约 6.4 t。另在两根钢柱之间搭设满堂盘扣脚手架，脚手架立杆长 3 m，水平横杆长 1.2 m，间距 1.5 m，立杆间距为 1 m，另立杆上自带斜撑，并设置配套顶托。另侧面设置三跨脚手架，跨宽为 1.2 m，均设置剪刀撑。脚手架高为 10.2 m，安装完成立面如图 4-22 所示，脚手架平面如图 4-23 所示。

钢梁安装的主要步骤包括：

(1) 用全站仪测出钢梁在脚手架上的位置并标记好，然后用水准仪测量出钢梁落点的标高并调节顶托至该标高处。

(2) 在三根钢梁两端分别焊接一个吊耳，将卡环和钢丝绳以及卡环和吊耳连接好。

(3) 起吊前在钢梁上翼缘上搭设生命线。

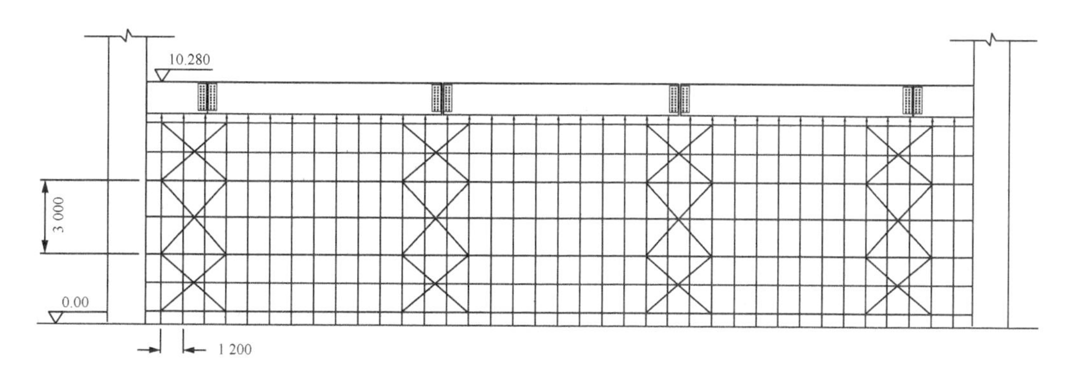

图 4-22　长钢梁安装完成立面示意图

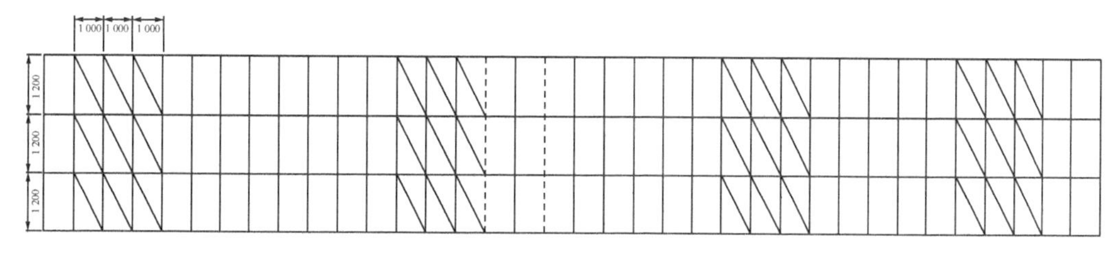

图 4-23　脚手架平面示意图

(4) 起吊前在钢梁两端的两侧分别系好缆风绳。

(5) 吊车缓慢提升钢梁，使钢梁平稳上升至离地面 1 m 高处，静置 5～10 min，观察钢梁是否变形，卡环以及钢丝绳是否有异常。

(6) 静置无异常后，缓慢提升钢梁直至高出钢柱牛腿，然后转动吊车大臂使钢梁在就位处正上方，最后缓慢落下钢梁直至钢梁到达就位处。在提升、转动大臂以及下降过程中分别安排 4 个人控制缆风绳，使钢梁减少摆动。

(7) 待钢梁就位后开始安装梁腹板处以及牛腿腹板处高强螺栓并开始初步焊接梁和牛腿翼缘处焊缝。

(8) 吊车松钩、解钩，并进行下一根钢梁安装。

三段钢梁安装顺序如图 4-24 至图 4-26 所示。

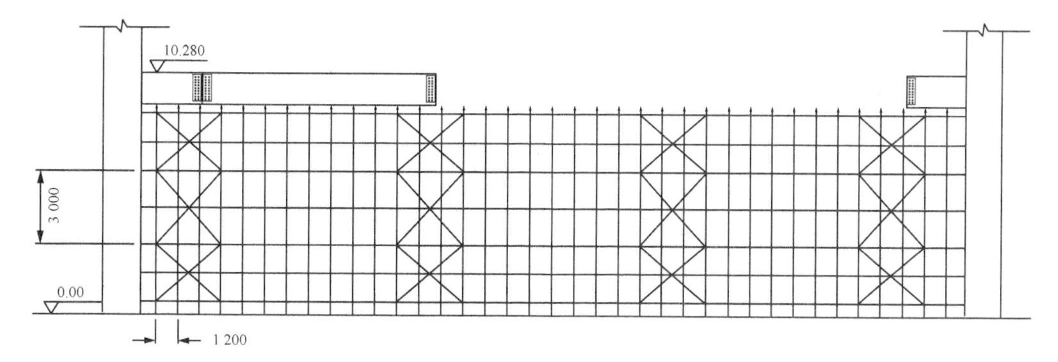

图 4-24　先安装一侧钢梁

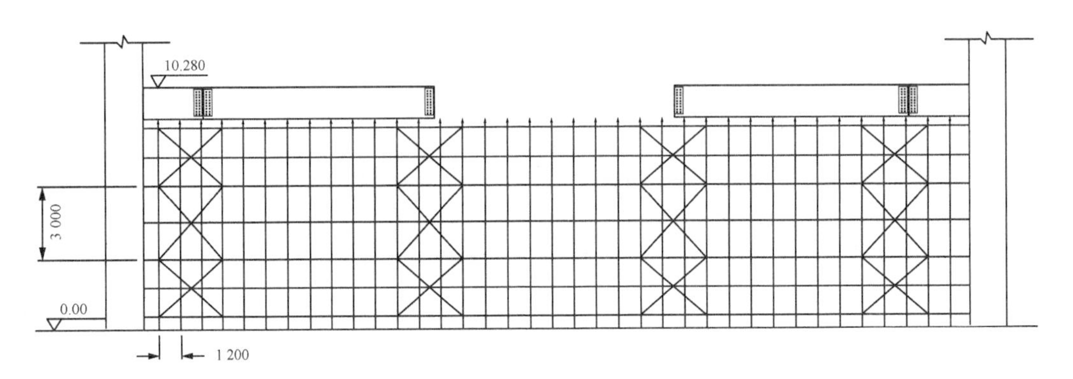

图 4-25 安装另一侧钢梁

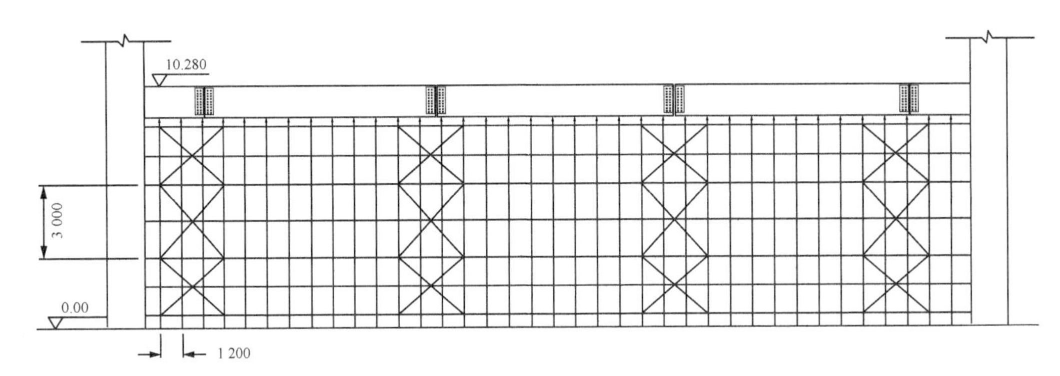

图 4-26 安装中间合拢段钢梁

4.4.7 各类钢梁安装实景

天禄湖国际大酒店项目钢框架结构的钢梁包括种类较多，且有较多的弧形钢梁。依据 BIM 技术进行深化设计和加工，现场安装实景如图 4-27 所示，主要包括中部塔吊吊装钢梁、外部汽车吊吊装钢梁、外侧悬挑钢梁安装及内侧悬挑钢梁安装等多种工况。

(a) 中部塔吊吊装钢梁

(b) 外部汽车吊吊装钢梁

(c) 外侧悬挑钢梁安装

(d) 内侧悬挑钢梁安装

图 4-27　现场钢梁安装实景

4.5 高强螺栓安装技术

4.5.1 高强螺栓紧固顺序

在钢框架结构中进行高强螺栓连接施工，主要的施工顺序包括三个步骤：第一步如图 4-28 所示，临时螺栓固定钢构件；第二步如图 4-29 所示，用高强度螺栓替换临时螺栓，初拧并做好标志；第三步如图 4-30 所示，按对称顺序，由中央向四周终拧高强度螺栓。

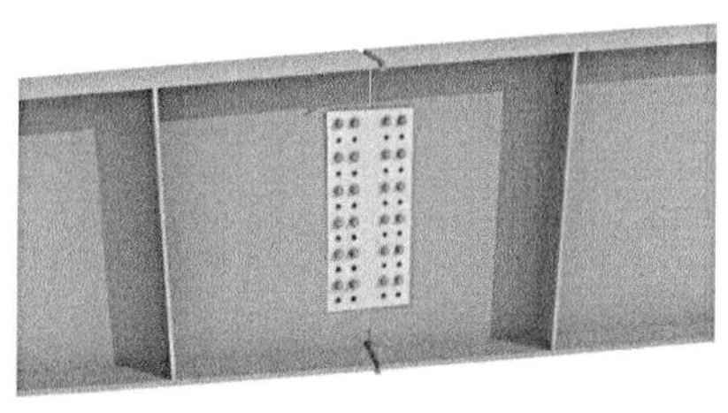

(a) 模型示意

(b) 施工实景

图 4-28　临时螺栓固定钢构件

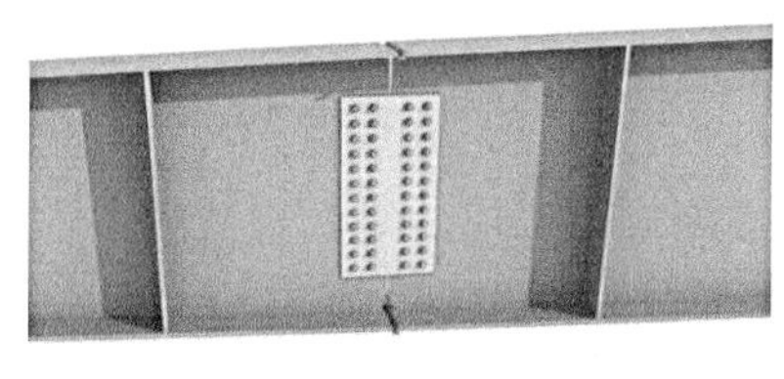

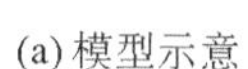

(a) 模型示意

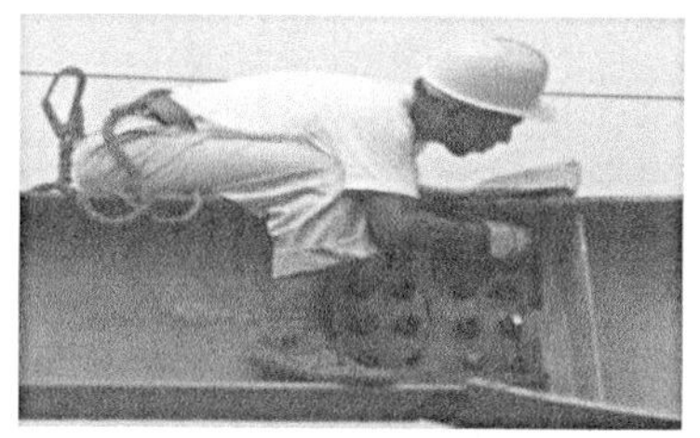

(b) 施工实景

图 4-29　初拧高强度螺栓

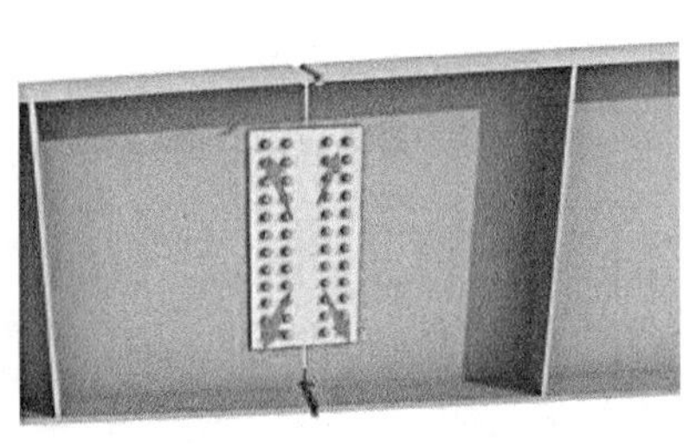
(a) 模型示意

(b) 施工实景

图 4-30　终拧高强度螺栓

4.5.2　高强螺栓安装方法

1）临时螺栓安装要点

（1）当构件吊装就位后，先用冲钉对准孔位（冲钉穿入数量不宜多于临时螺栓的30%），在适当位置插入临时螺栓，然后用扳手拧紧，使连接面结合紧密。

（2）临时螺栓安装时，注意不要使杂物进入连接面。临时螺栓的数量不得少于本节点螺栓安装总数的 30%且不得少于 2 个临时螺栓。

（3）螺栓紧固时，遵循从中间开始，对称向周围进行的顺序。不允许使用高强度螺栓兼作临时螺栓，以防损伤螺纹引起扭矩系数的变化。

（4）一个安装段完成后，经检查确认符合要求方可安装高强度螺栓。

2）高强螺栓安装要点

（1）待吊装完成一个施工段，钢结构形成稳定框架单元后，开始安装高强度螺栓。

（2）扭剪型高强度螺栓安装时应注意方向：螺栓的垫圈安在螺母一侧，垫圈孔有倒角的一侧应和螺母接触。

（3）螺栓穿入方向以方便施工为准，每个节点应整齐一致，临时螺栓待高强度螺栓紧固后再卸下。

（4）高强螺栓的紧固，必须分两次进行。第一次为初拧，初拧紧固到螺栓标准轴力（即设计预拉力）的 60%～80%；第二次紧固为终拧。

（5）初拧完毕的螺栓，应做好标记以供确认。为防止漏拧，当天安装的高强度螺栓，当天应终拧完毕。

（6）初拧、终拧都应从螺栓群中间向四周对称扩散方式进行紧固。

（7）因空间狭窄，高强度螺栓扳手不宜操作部位可采用加高套管或用手动扳手安装。

（8）扭剪型高强度螺栓应全部拧掉尾部梅花卡头为终拧结束，不准遗漏。

第 章

复杂钢框架中自承式钢筋桁架楼承板施工技术

5.1 技术背景

随着绿色施工技术的不断推广应用，在建筑工程的钢结构框架中，由于预制装配率的要求不断提高，楼面优先采用无支撑的自承式钢筋桁架楼承板，即由钢筋桁架与镀锌钢板（底模）在工厂焊接为一体，预制成钢筋桁架楼承板，然后将其运输到现场，安装固定在钢梁上面，浇筑混凝土即可形成钢框架结构的楼面。此种结构具有显著优点，但是在复杂钢结构中存在高低跨、降板区、弧形边界等多种工况需作深化设计处理，防止出现结构安装质量缺陷，同时还存在大面积混凝土板面施工缝留置问题，这些都是施工过程中需解决的重点和难点。

中国江苏国际经济技术合作集团有限公司结合泰州天禄湖国际大酒店等建设工程需求，组织技术攻关，研究开发复杂钢框架中自承式钢筋桁架楼承板结构施工技术，确保施工速度快捷、安全可靠、质量优良。

课题组创新开发出一种“钢结构框架中的钢筋桁架楼承板结构”，获得实用新型专利授权（专利号：ZL202220978805.3）。开发“复杂钢框架中自承式钢筋桁架楼承板结构施工工法”，有效控制施工质量和进度，并保证了楼承板结构的施工安全。

5.2 技术特点

5.2.1 无支撑施工，速度快捷

该项技术的楼承板由钢筋桁架与底模钢板焊接而成预制构件，足以承担楼面自重和施工活荷载，与现浇楼板施工工艺相比，减少了现场地基处理、支架搭设、支架及模板拆除等工序，科学节省施工工期。

5.2.2 应用 BIM“虚拟建造”，优化施工方案

该项技术应用 BIM 技术进行楼承板“虚拟建造”模拟分析，从而优化楼承板排版、优化施工工艺流程，节约材料、提高施工效率。

5.2.3 预制构件，绿色施工

钢筋桁架楼承板由工厂化生产加工成半成品，焊接质量好，钢筋间距、桁架高度等精确度高，楼承板运输到现场后直接安装，工序简单，减少周转材料，节材节能，省工省时，利于推进绿色施工。

5.2.4 楼层工作面封闭，立体施工安全

钢筋桁架楼承板铺装快速，能同时提供上、下层工作面，减少了上、下交叉施工带来的不利影响，有效地化解了垂直作业面间交叉施工带来的安全风险。安装时，必须将每块桁架模板两端的支座竖筋焊接固定在钢梁翼缘上，可以更好地防止坍塌和高空坠落。

5.2.5 混凝土楼面流水施工，提高进度和质量

钢筋桁架楼承板安装配合混凝土“跳仓法”流水施工，能减少后浇带内的垃圾清理、两侧原混凝土面剔凿、后浇带支撑等工序，缩短工期。并且科学释放混凝土的早期温度收缩应力，达到有效地控制裂缝、防止渗漏的施工效果。

5.3 适应范围

该项技术适用于工业与民用建筑的楼板和屋盖施工，尤其涉及复杂钢框架结构的多种节点区域自承式钢筋桁架楼承板的深化设计与施工。

5.4 工艺原理

5.4.1 结构自承载原理

自承式楼板系统是将楼板中钢筋设计成三角形钢筋桁架，并在工厂加工成型，再将钢筋桁架与底模板焊接成一体的半成品组合模板(图 5-1)，每块板制作为 600 mm 宽的模数(图 5-2)；在施工现场，将钢筋桁架模板直接铺设在钢梁上，然后进行简单的面层钢筋安装，

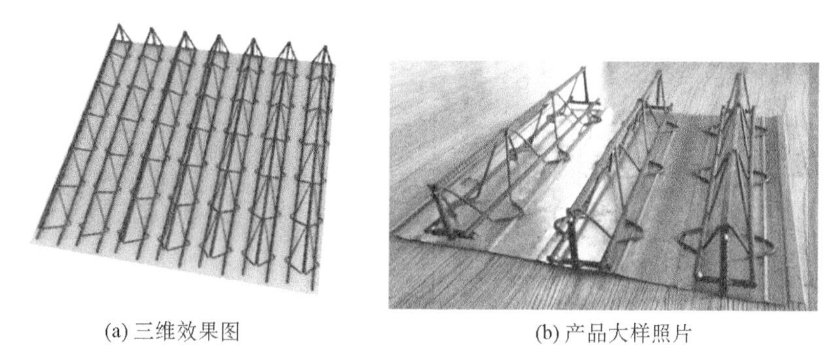

(a) 三维效果图　　(b) 产品大样照片

图 5-1　钢筋桁架楼承板大样图

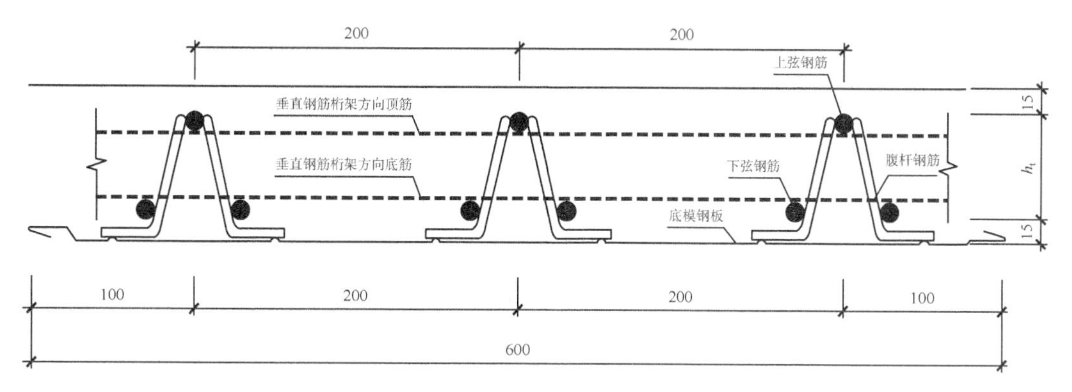

图 5-2　钢筋桁架楼承板剖面图

便形成了自承式的钢筋桁架模板体系，最后可直接浇注结构混凝土形成自承式楼板体系。施工阶段，钢筋桁架模板能够承受混凝土自重及施工荷载，设计适当的钢筋桁架楼承板型号应用于适当的跨度可以实现免支撑(表 5-1)；使用阶段，钢筋桁架与混凝土协同工作，承受使用荷载。该技术部分实现了工厂化生产，节省了传统支架现浇的地基处理、支架搭设和模板拆除三道工序，简化了施工程序，提高了楼板施工效率。

表 5-1 钢筋桁架楼承板型号表

版型	桁架高度(mm)	对应楼板厚度(mm)	上弦、腹杆、下弦钢筋直径(mm)	施工阶段最大无支撑跨度(m)	
				简支板	连续板
TD3-70	70	100	10,4.5,8	2.5	3.0
TD3-80	80	110	10,4.5,8	2.7	3.0
TD3-90	90	120	10,4.5,8	2.9	3.2
TD4-90	90	120	10,4.5,10	3.1	3.4
TD6-90	90	120	12,5,10	3.3	4.2
TD6-120	120	150	12,5.5,10	3.8	4.6
TD7-170	170	200	12,6.0,12	4.5	5.0

注：上弦、下弦钢筋采用热轧钢筋 HRB400 级，腹杆采用冷轧光圆钢筋，底模板屈服强度不低于 260 N/mm^2，镀锌层两面总计不小于 120 g/mm^2，当板跨超过楼承板施工阶段最大无支撑跨度时，需混凝土浇筑单位在跨中架设一道临时支撑。

5.4.2 板面混凝土“跳仓法”流水施工原理

“跳仓法”施工工艺原理就是采用“抗放兼施，以抗为主，先放后抗”的原则施工。如图 5-3 所示，通过合理设置跳仓间距，规划浇筑顺序，在跳仓施工阶段释放混凝土的早期应力，即“先放”；在封仓阶段，混凝土的抗拉强度已经有所增长，充分利用混凝土的约束减小应变，即“后抗”。通过封仓后及时养护、做防水层等措施，避免混凝土结构较长时间暴露在空气中，使结构承受的收缩和温差作用减到最小，进而达到控制混凝土裂缝的目的。

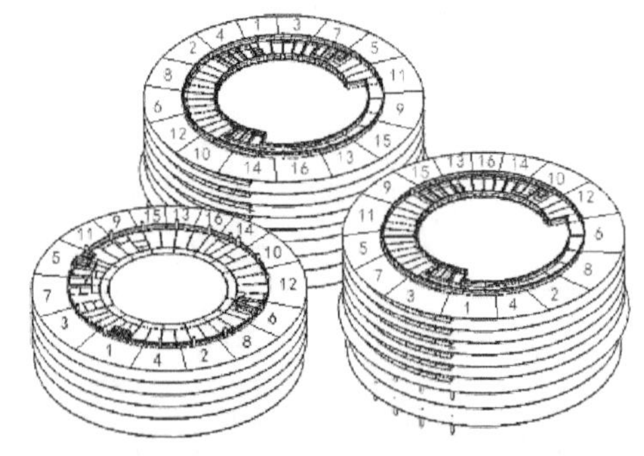

图 5-3 泰州天禄湖大酒店楼承板设置跳仓间距示意图

5.4.3　楼承板结构“虚拟建造”BIM 仿真原理

在楼承板结构施工方案编制阶段，进行“虚拟建造”BIM 仿真分析，在施工图设计模型的基础上附加建造过程、施工顺序、施工工艺等信息，进行施工过程的可视化模拟，优化楼承板的排版，优化各类节点的深化设计，提前发现施工中可能出现的问题；并充分利用 BIM 对方案进行分析和优化，提高方案审核的准确性，在施工前就采取预防措施，减少施工进度拖延、安全问题、返工率高等通病，直到获得最佳的施工方案。如图 5-4 所示，制订严密的“虚拟建造”仿真分析流程进行施工方案的可视化交底，从而指导真实的施工。

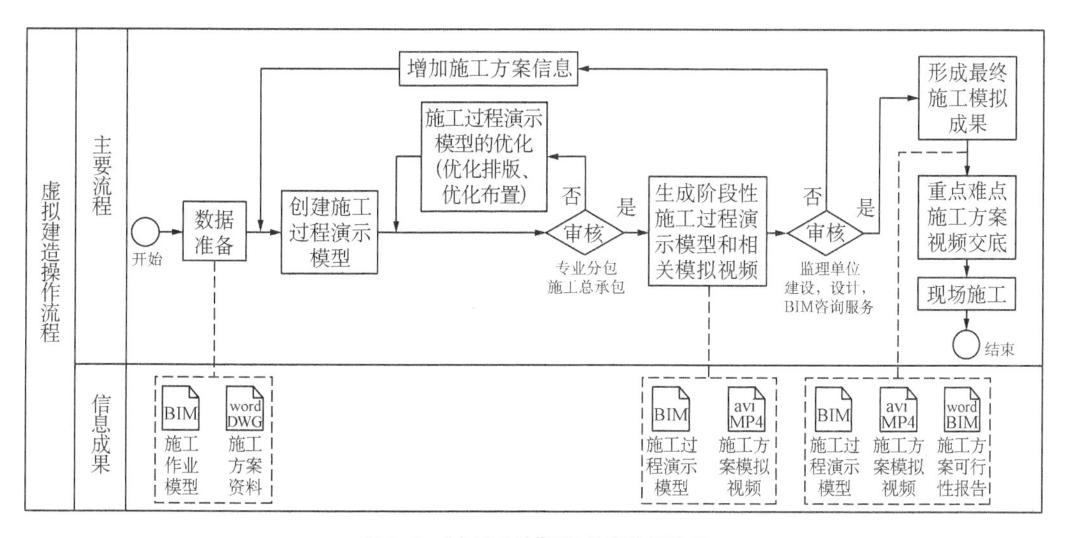

图 5-4　“虚拟建造”BIM 仿真分析流程

5.5　施工工艺流程

如图 5-5 所示，该项技术的主要施工工艺流程为：自承式钢筋桁架楼承板专项施工方案编制→楼承板深化设计→楼承板生产制造→现场施工准备→楼承板现场安装→附加钢筋及管线安装→楼承板边模安装→栓钉焊接→楼承板安装工序质量检验→楼承板混凝土浇筑(跳仓法)→楼承板结构竣工验收。

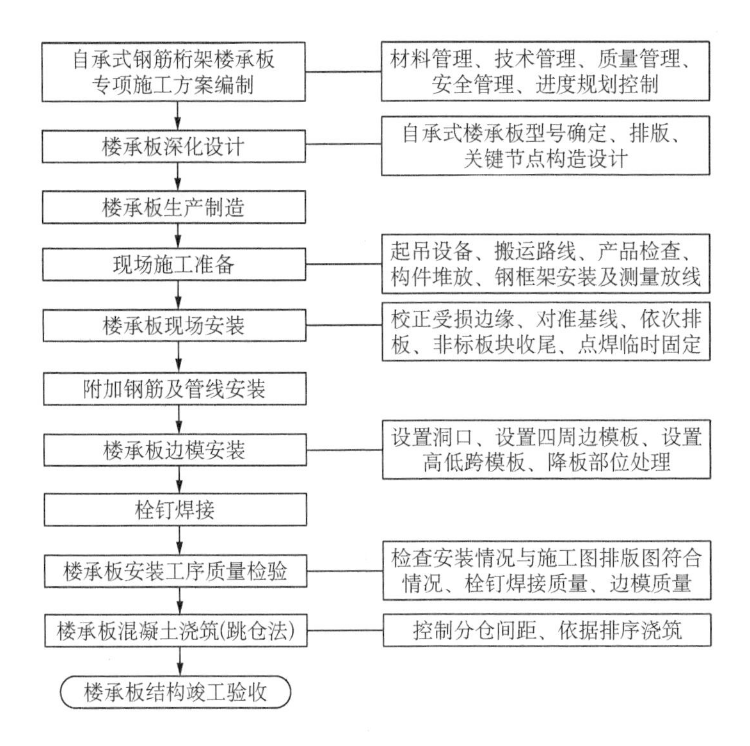

图 5-5　施工工艺流程图

5.6 施工操作要点

5.6.1 自承式钢筋桁架楼承板专项施工方案编制

以泰州天禄湖国际大酒店项目为例，编制《自承式钢筋桁架楼承板专项施工方案》，主要包括的内容如下：

(1) 工程概况、材料管理、质量管理、安全管理和进度规划控制等项目管理内容。

(2) 自承式钢筋桁架楼承板型号选用、排版图纸、关键节点部位构造图纸等深化设计内容。

(3) 施工工艺流程、各施工工序及其技术要求、施工荷载计算等技术内容。

(4) 应用BIM技术进行施工工艺模拟(图 5-6)，通过“虚拟建造”提前解决施工难题，进一步优化楼承板施工方案。

(a) 吊装至楼面，准备安装

(b) 开始铺设第一块楼承板

(c) 依次铺设楼承板

(d) 铺设完一个轴间单元

(e) 楼层铺设完毕

(f) 边模(洞口)施工

(g) “跳仓法”浇筑混凝土

(h) 混凝土浇筑完成

图 5-6 楼承板结构“虚拟建造”BIM 模拟分析

5.6.2 楼承板深化设计

对于复杂钢框架结构，自承式钢筋桁架楼承板的深化设计工作主要包括如下几个方面：

(1) 应首先对依据楼面使用功能、荷载、板厚等条件，选用适当的钢筋桁架楼承板型号，确定工厂制作所需的相关参数。

(2) 然后根据钢框架结构主、次梁布置情况，进行楼承板的排版工作，可以采用 Revit 软件进行 BIM 建模排版，也可以采用 AutoCAD 软件排版，确保自承式钢筋桁架楼承板排版的精确性，优化楼承板布置，最大限度地应用标准化楼承板。

(3) 深化设计钢框架—楼承板质量控制关键节点(图 5-7)主要包括钢筋桁架楼承板与钢柱和钢梁的连接关键部位，重点控制其安装的构造尺寸、焊接质量等工艺参数应满足规范要求。

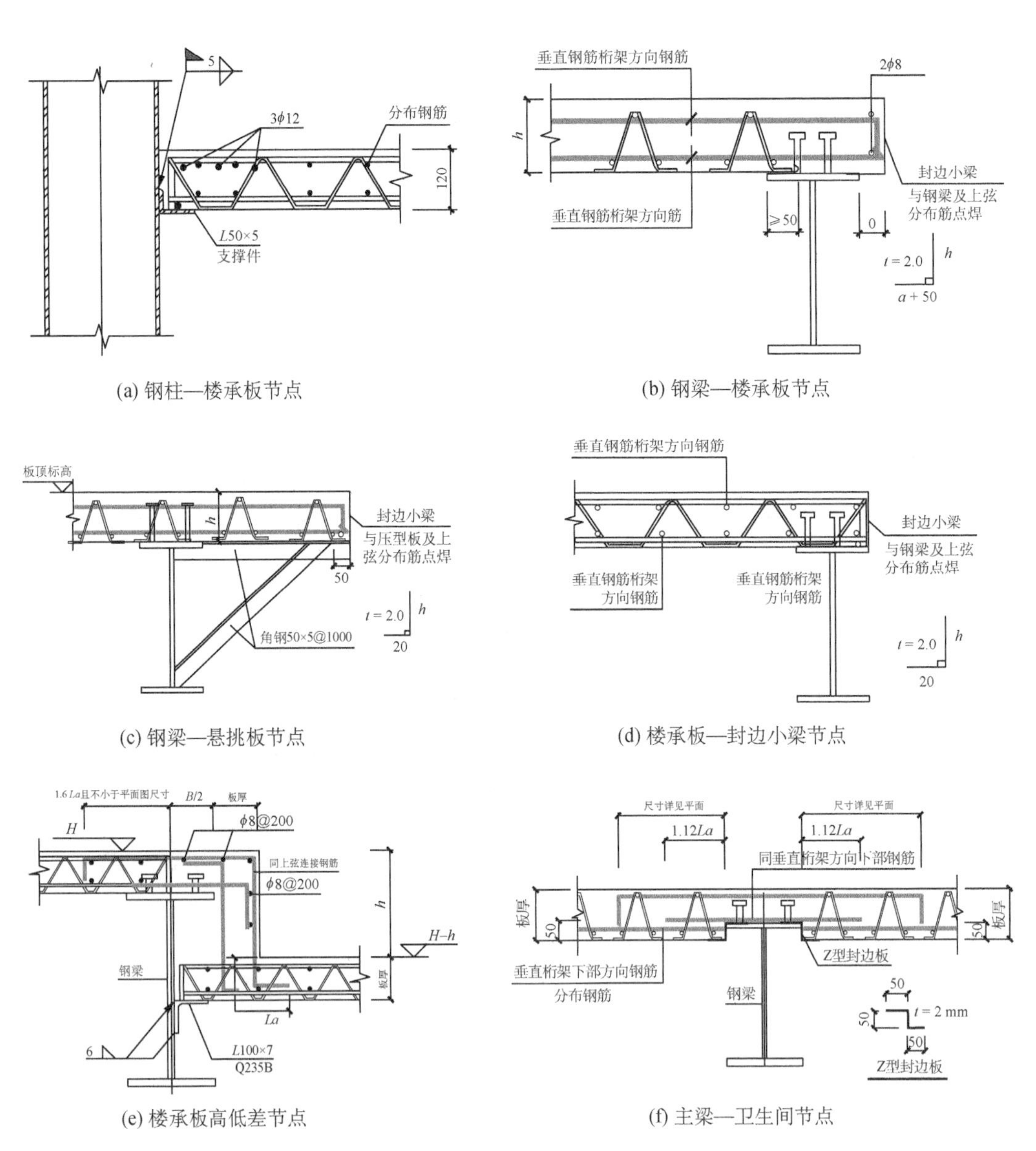

图 5-7 钢框架-楼承板典型节点示意图

5.6.3 楼承板生产制造

（1）自承式钢筋桁架楼承板半成品采用工厂化集中生产（图5-8），依据排版图生成的楼承板加工制作图进行加工，控制上弦钢筋、弦钢筋、腹杆钢筋的直径型号和底模板厚度等参数满足规范要求。

图5-8 钢筋桁架楼承板生产制造

（2）钢筋桁架与底模板之间的连接，采用电阻点焊，焊点的抗剪承载力标准值应满足表5-2要求。

表5-2 钢筋桁架与底模焊点抗剪承载力标准值

钢板厚度(mm)	0.4	0.5	0.6	0.8
焊点抗剪承载力(N)	750	1 000	1 350	2 100

（3）工厂加工过程中，应注意好成品保护，防止底模板产生刮伤和变形等缺陷。

5.6.4 现场施工准备

1）测量放线，校核钢框架安装误差

钢框架结构的钢柱和钢梁安装完成后，采用经纬仪和水准仪等设备进行测量放线，校核钢框架安装误差。针对现场存在的制作和安装误差，采取分区分段消化分解的措施，采用非标准化板块消化安装误差，防止误差累积，控制轴线误差和标高误差在规范所允许的范围内，从而不影响自承式钢筋桁架楼承板标准板的安装。

2）楼承板进场管理

自承式钢筋桁架楼承板的进场管理主要包括起吊设备选用、搬运路线规划、产品检查

和露天堆放等内容，具体管理要求如下：

（1）钢筋桁架模板进场检验。检查钢筋桁架模板的出厂合格证，检查每个部位钢筋桁架模板的型号是否与图纸相符合，检查进场钢筋桁架模板的外观质量、几何尺寸及钢筋桁架的构造尺寸是否符合设计要求。

图 5-9　楼承板吊运至楼面钢框架梁上

（2）吊装作业（图 5-9）。钢筋桁架模板的装卸、吊装均采用角钢或槽钢制作的专用吊架配合软吊带来吊装，严格执行吊装作业的“十不准”。起吊时每捆应有两条钢丝绳分别捆于两端四分之一钢板长度处。起吊前应先行试吊，以检查重心是否稳定，钢索是否会滑动，待安全无虑时方可起吊。

（3）存放。钢筋桁架模板应在厂棚内堆放，若在现场露天存放时，存放场地夯实平整，覆盖并倾斜放置，避免钢筋桁架模板产生锈蚀或水渍。

5.6.5　楼承板现场安装

（1）在钢柱、钢梁安装完成并经过检验合格后进行钢筋桁架楼承板的铺设。铺设前，将钢筋桁架楼承板、梁面清理干净，为了保证安装质量，首先需要按图纸的要求在梁顶面上弹出基准线，然后按基准线铺设钢筋桁架楼承板。如图 5-10 所示，钢筋桁架楼承板平行于梁时搭接长度≥30 mm，垂直于梁时搭接长度大于 50 mm。如图 5-11 所示，施工现场须严格控制搭接长度，然后进行板缝“锁扣”拼接。

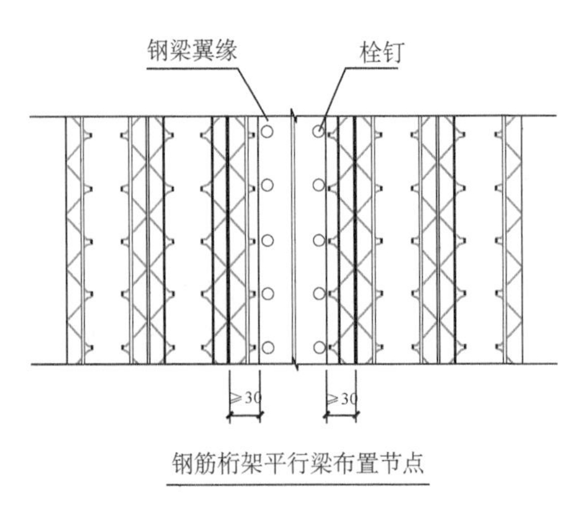

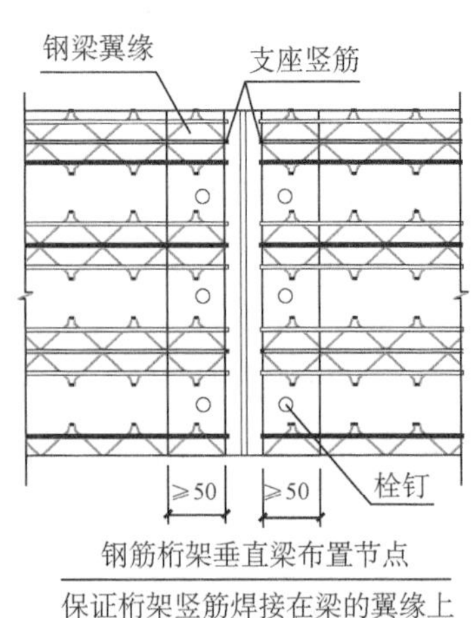

图 5-10　钢筋桁架楼承板搭接示意图

图 5-11　板缝“锁扣”拼接

(2) 放样作业时须先检查钢构件尺寸，避免因钢构件安装误差导致放样错误。边沿、孔洞、柱角处都要切口，这些工作应在地面进行，可以加快安装速度，保证安装质量。

(3) 同一楼层平面内的钢筋桁架楼承板铺设时，遵循“先里后外”原则，即先铺通主要的辐射道路。

(4) 对于有多个楼层的单元结构层，采取钢筋桁架楼承板预先铺设的方法，即先铺设顶层、后铺设下层，这主要是为了保证下层安装施工的安全。

(5) 钢筋桁架楼承板的铺设就位后，应立即将其端部的支座竖向钢筋与钢梁电焊牢固，沿板长度方向，将钢板与钢梁点焊(图 5-12)。方法是端部与钢梁翼缘用点焊固定，间距为 200 mm，或钢板的每个肋部，钢筋桁架楼承板纵向与梁连接时用挑焊固定，间距 450～600 mm，相邻两块钢筋桁架楼承板搭接同样用挑焊固定，以防止因风吹移动。

图 5-12　支座竖向钢筋与钢梁电焊牢固

(6) 降板处需要设置可靠支座，支座需与结构梁焊接牢固；剪力墙处需与预埋角钢搭接，搭接长度不少于 50 mm；梁柱节点处需搭设角钢支撑与钢梁焊接，角钢顶面与梁面齐平。如图 5-13 所示，对楼面标高处理，当楼面标高与梁标高不在同一标高处时，采用连接板形式，将钢桁架纵向主肋钢筋与钢板焊接，利用连接板的高度来控制标高差。

图 5-13　连接板形式控制标高差

5.6.6　附加钢筋及管线安装

（1）自承式钢筋桁架楼承板铺设并固定后，依据设计图纸，对钢筋桁架部位安装附加钢筋，从而使得钢筋桁架的上弦钢筋与下弦钢筋形成空间格构。如图 5-14 所示，在横跨钢梁部位设置负弯矩钢筋，防止楼承板在钢梁位置发生裂缝。

图 5-14　楼承板上设置附加钢筋（负弯矩钢筋）

（2）如图 5-15 所示，根据机电管线的综合分析，在楼承板上布置管线及套管，利于各类管线沿着水平方向和垂直方向布置。注意保持钢制套管与楼承板的底模之间焊接牢靠，保证其连接的密封性。

图5-15　楼承板上设置套管

5.6.7　楼承板边模安装

在自承式钢筋桁架楼承板的周边、楼梯口、管井口等部位，按图5-16中楼板的厚度设置边模，保持边模与楼承板底模连接可靠和密封性良好，并且在边模内侧设置附加钢筋，发挥支撑作用，防止在对混凝土振捣后引起边模的变形和位移。

图5-16　设置边模

5.6.8　栓钉焊接

栓钉焊接时采用带有自动控制焊接时间的专用焊接设备——栓焊机，它能在极短的时间(0.3～1.2 s)内，通过大电流(200～2 000 A)直接将栓钉的全面积焊到工件上。其特点是使栓钉全面积焊接，接头效率高，焊接质量可靠，应力分布合理，施工技术简单。栓钉焊接时，每个栓钉应配备一个相应的热稳弧陶瓷环，以便膨胀成型和蓄热。

1）栓钉安装方法

(1) 本项技术使用专用栓钉熔焊机进行焊接施工，该设备需要设置专用配电箱及专用线路(从变压器引入)。

(2) 安装前先放线，定出栓钉的准确位置，并对该点进行除锈、除漆、除油污处理，以露出金属光泽为准，并使施焊点局部平整。

(3) 将保护瓷环摆放就位，瓷环要保持干燥。焊后要清除瓷环，以便于检查。

(4) 施焊人员平稳握枪，并使枪与母材工作面垂直，然后施焊。焊后根部焊脚应均匀、饱满，以保证其强度要达到要求。

2) 栓钉施工工艺流程

如图 5-17 所示，栓钉施工工艺流程主要包括栓钉焊接工艺参数试验、栓钉焊接工艺评定、现场试焊栓钉、弯曲试验等主要工序。

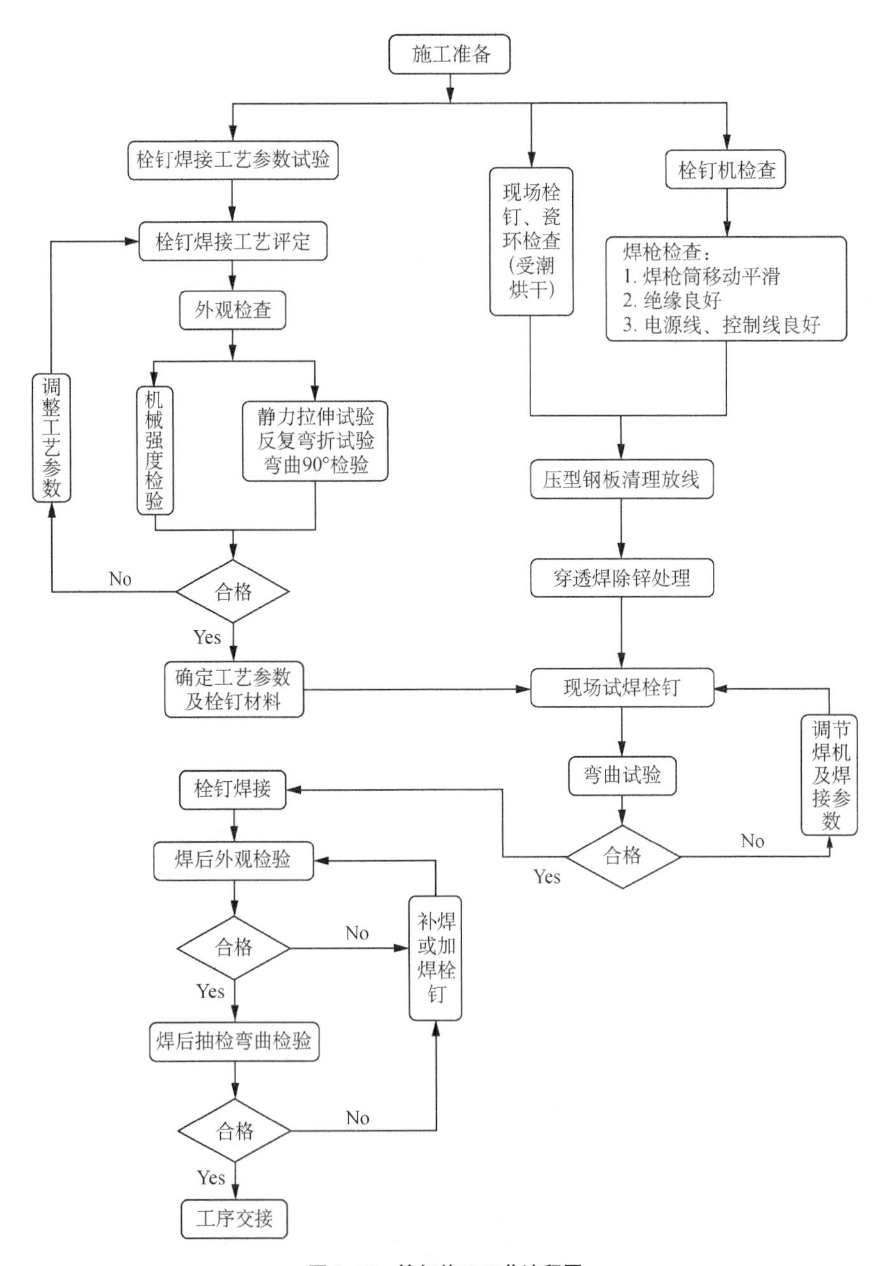

图 5-17 栓钉施工工艺流程图

3）栓钉焊接质量试验

栓钉焊接的工艺参数调整要求严格，必须在正式施焊前进行调试，合格后方可正式焊接。试验要求：

（1）反复弯曲 45°以上，焊缝及栓钉无断裂缺陷[图 5-18(a)]。

（2）打弯 90°试验：对焊接部位组织检查及硬度分析检查[图 5-18(b)]，各项参数指标均合格时，则工艺参数调整完成，本工程依据此栓焊工艺规程执行。

(a) 断裂缺陷检查

(b) 焊接组织检查

图 5-18　栓钉焊接质量试验

5.6.9　楼承板混凝土浇筑（跳仓法）

复杂钢框架中浇筑楼承板混凝土时，应按照施工方案确定的"跳仓法"分仓进行混凝土泵车和振捣设备的准备工作，主要执行的技术要求包括以下 7 点：

（1）"跳仓法"施工时，仓块设置宜小不宜大，面积大致分为长和宽都不大于 50 m 的区域，分仓缝留设在施工方便且受力较小的位置。

（2）仓间混凝土浇筑时间间隔宜长不宜短。跳仓板块施工间隔为≥7 d，以利于跳仓板块混凝土的变形，释放早期温度收缩应力。

（3）混凝土浇筑施工时，采用"一个斜面、连续浇灌、一次到顶"的施工方法。混凝土初凝前，表面用铁滚筒滚压，增强表面密实性，待混凝土收水后用木抹子搓平不少于三次，以消除混凝土表面层的早期塑性收缩裂缝。

（4）跳仓板块之间采用普通施工缝处理方法，板施工缝每侧设"快易收口网"，防止混凝土流入另外一侧。板钢筋按正常的板钢筋绑扎方法施工，不作断开处理。

（5）跳仓浇筑混凝土时，新旧混凝土连接面的清理十分重要。浇筑新混凝土前必须在连接面浇水泥浆，以确保连接面严实。

（6）混凝土浇灌。结构混凝土平面分区间隔施工，采用泵送法浇注。混凝土浇注过程中，应随时将混凝土铲平，混凝土振捣采用平板振捣。混凝土浇筑完毕后，应及时覆盖养护，避免开裂。

（7）混凝土养护宜早不宜迟。为避免新浇筑混凝土表面过快失水和表面温度受气温影响，导致混凝土出现裂缝，采取在混凝土初凝至终凝间立即覆盖塑料膜和麻袋，并喷水保湿、保温养护等措施，养护时间不少于 14 d。

5.7 技术应用实施效果

泰州天禄湖国际大酒店（一期）工程开发应用复杂钢框架中自承式钢筋桁架楼承板施工技术，工厂化生产加工成半成品，并且融合应用 BIM 技术和混凝土结构“跳仓法”流水施工技术，显著提升了施工质量和工程进度，实现绿色施工。工程建设质量管理小组活动成果“提高环形结构钢筋桁架楼承板结构施工质量一次合格率”获得江苏省建筑行业协会 QC 成果奖项。施工现场应用该项施工技术的实景如图 5-19 所示。

(a) 楼承板铺设完成

(b) 在钢梁上焊接栓钉

(c) 免支撑施工完成（内环仰拍）

(d) 免支撑施工完成（外环仰拍）

(e) 混凝土“跳仓法”浇筑施工

(f) 混凝土浇筑完成

图 5-19　楼承板施工现场实景

第6章 弧形幕墙建造技术

6.1 技术背景

随着建筑幕墙技术的发展，采用铝合金金属面板的幕墙装饰得到广泛应用，在各类圆弧形墙面装饰工程中的应用尤为常见。以天禄湖国际大酒店钢结构工程的幕墙工程为例，该建筑造型为三个圆环形状的弧形建筑幕墙，整体的弧形幕墙工程为“弧形玻璃＋弧形铝板”组合式幕墙(图6-1)。在檐口部位和装饰带环绕部位都设计了双曲面的铝板幕墙，其深化设计和安装施工需要考虑保证幕墙的抗风、防渗和美观等性能，双向弧形幕墙的构造增加了建造难度。

图6-1　弧形幕墙工程局部效果图

现有技术中，加工制作铝单板弧形幕墙通常采用厚度为2.5～3 mm的铝单板，在工厂弯曲成形，并且在其背面采用结构胶粘接铝合金方通进行加固，提高其风荷载的承载力。该种双曲面铝单板幕墙构造容易受外力作用引起板面变形，尤其是在弧形钢结构工程的使用过程中，由于钢结构工程受温度作用较为明显，因此其双向弧形铝板幕墙容易引起板面发生残余变形，从而引起双曲面弧线不顺畅，严重影响幕墙美观效果。

因此，项目部技术人员重点研究了弧形钢结构工程的双向弧形铝板幕墙构造，进行深化设计，保证幕墙抵抗风荷载、温度作用引起的变形，保证双向弧形铝板幕墙的防水性能和美观性。

 幕墙工程的重点和难点分析

6.2.1 大跨度玻璃幕墙

如图 6-2 所示，天禄湖国际大酒店项目的一层有部分大跨度玻璃幕墙，玻璃板块的纵向结构支撑跨度达 5.3 m。此类大跨度玻璃幕墙的安装，对支撑结构变形控制要求很高。经过分析研究，此类幕墙施工过程中需要控制以下 5 点。

（1）控制基准点要反复确认与检查。

（2）竖龙骨安装：芯套与立柱要紧密相接，芯管套入上、下柱的长度满足规范和设计要求；上、下柱之间留有伸缩缝；及时复查立柱垂直度；插芯上部及伸缩缝要采用柔性连接；焊缝长度及等级须满足规范和设计要求，焊缝饱满无明显缺陷。

（3）横龙骨安装：安装完一层高度时，应进行检查、调整、校正和固定，使其符合质量要求；相邻两根横梁的水平标高偏差不大于 1 mm，同层标高偏差不大于 2 mm；焊接要求同立柱焊接。

（4）满焊或栓接完成后，对焊缝去除焊渣、灰尘等，检查有无孔隙等，检查栓接处栓接是否牢固、有无螺栓脱落等。对焊接处、切割处涂刷防锈漆两遍、银粉漆一遍，涂刷要均匀、全面、无明显叠层，确保无遗漏。待钢龙骨隐蔽验收完成后开始安装铝合金面层，竖龙骨面层长度与钢龙骨长度相同，横龙骨面层两端与竖龙骨面层各留 2 mm 伸缩缝，横竖龙骨固定点间距不大于 300 mm，头尾固定点不大于 150 mm；面层前后必须拼接紧密，不得出现变形、翘边现象。

（5）螺栓的方垫片、圆垫片、弹簧垫片配置必须齐全。

6.2.2 弧形玻璃幕墙

本工程弧形幕墙平面半径过大，现场难以确定圆心。项目部采用计算机辅助设计定位与现场施工测量相结合，对原有单纯的现场测量方法加以改进，在提高施工效率的同时也提高了幕墙骨架定位安装的准确性。立柱、横梁在专业的生产车间制作，加工精度高、材料浪费少。立柱、横梁、玻璃板材现场逐件安装，不但安装方便，而且调整容易。

如图 6-3 所示，根据幕墙施工图以及现场实测，采用计算机辅助设计软件 AutoCAD 对幕墙立柱在计算机上模拟定位。

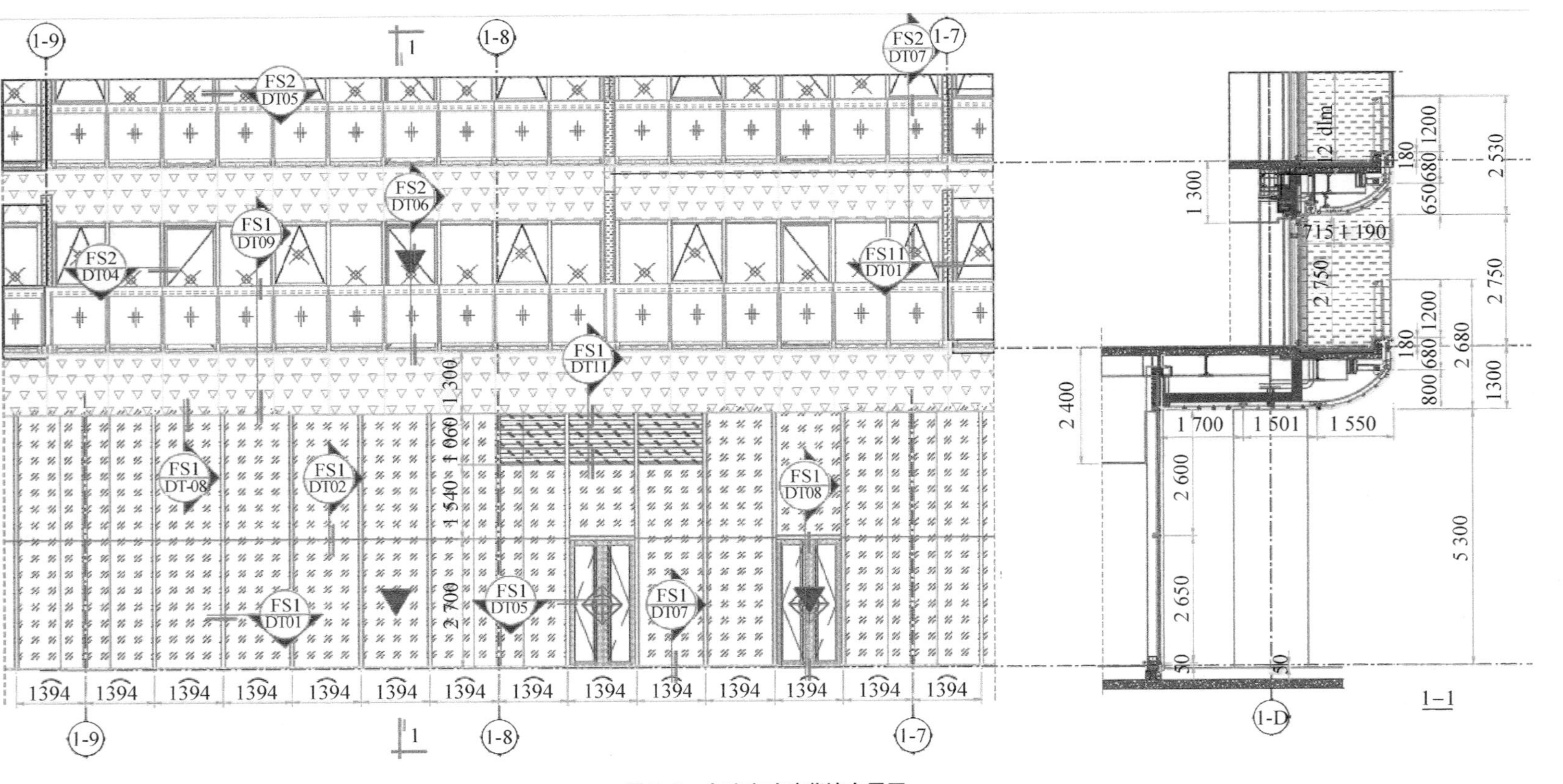

图 6-2 大跨度玻璃幕墙布置图

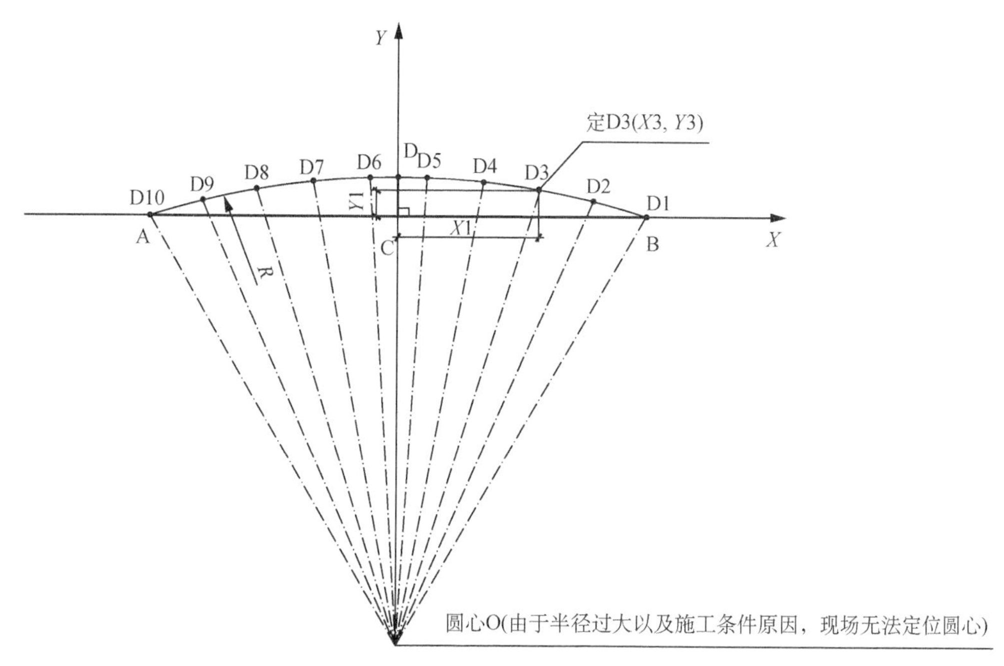

图 6-3　幕墙立柱的模拟定位

1）计算机模拟定位步骤

（1）根据幕墙施工图以及现场实测尺寸调整幕墙分格尺寸。

（2）幕墙分格确定后在计算机模拟图中确定分格点。

（3）在模拟图形中以 C 点为坐标原点，弦长 AB 为 X 轴，弦高 CD 为 Y 轴，建立直角坐标系。

（4）确定幕墙分格点坐标（Xn，Yn）；以 D3（X3，Y3）点为例，如图 6-4 所示。

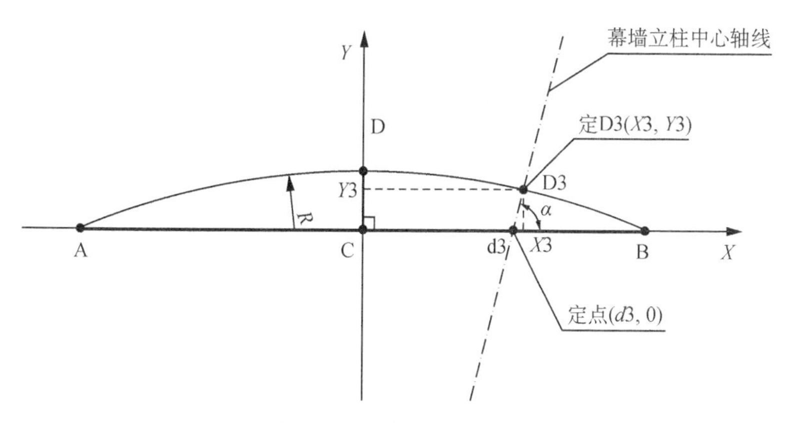

图 6-4　确定幕墙分格点坐标

（5）根据幕墙分格点、圆心两点连线与线段 AB 交点 d3（d3，0），点 D3、d3 两点确定幕墙立柱中心轴线。

2）现场测量

然后进行现场测量，把计算机定位点转换到现场定位，如图 6-5 所示。

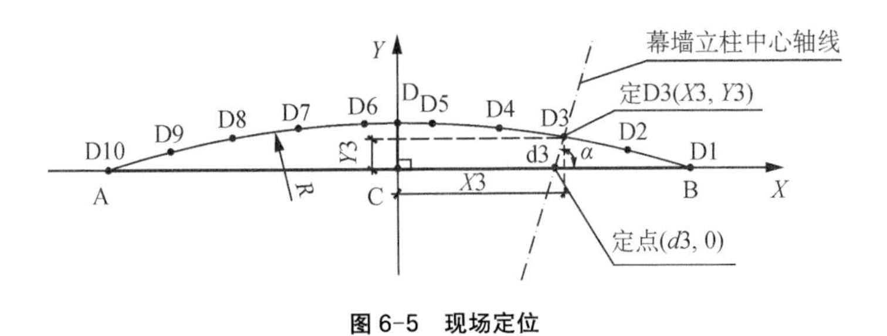

图 6-5 现场定位

3）现场定位操作步骤

（1）拉弦长线 A—B；

（2）拉弦高线 C—D；

（3）以 C 点为基准点，沿 CB 方向实测|$X3$|，沿 CD 方向实测|$Y3$|；

（4）再以实测点|$X3$|、|$Y3$|为基点分别拉平行线（图中虚线）；两虚线交点即为点 D3（$X3$，$Y3$）；

（5）以 C 点为基准点，沿 CB 方向实测|$d3$|，根据 D3、d3 两点确定幕墙立柱中心轴线；

（6）同理，依次确定立柱安装定位点 Dn（Xn，Yn），d3（$d3$，0），从而确定立柱定位轴线。

6.2.3 弧形铝板幕墙

本工程弧形铝板幕墙体量大，同时立面造型为空间结构、多个不同面相交、面板规格多样，怎样控制安装精度、保证外立面效果以及交界位置的处理是本工程的施工重点。

项目部采取以下措施以保证此系统幕墙的安装质量：金属板外立面为不规则空间面，造型复杂，根据高程的不同，将系统划分为各种规格的系统板块。应用 BIM 软件建模进行板块外表皮找形、定位，为幕墙板块加工、现场施工定位提供数据。如图 6-6 所示，AA 面板 4 点位的空间定位值分别是：距离 GG 轴线的距离为 4 576.36 mm，距离 11 轴线的距离为 2 262.33 mm，立面标高为 31 672.36 mm。该空间定位值为曲面幕墙金属板制作和安装所采用。

（1）现场制作幕墙龙骨时，根据空间定位的坐标点和高程，先确定每个板块的边界龙骨定位点。然后在板块内部将立柱的定位控制线放出，安装立柱。立柱安装完成后，沿着立柱方向进行平面分格和横梁安装。

（2）收边收口位置材料定尺控制：板块与板块之间，本系统与其他系统之间都存在有大量相交节点。在施工过程中，可根据图纸和现场尺寸建立三维 BIM 模型，确定收边板块的尺寸和具体做法，保证相交节点的立面效果。现场根据 BIM 模型进行收边龙骨的安装，并结合现场尺寸进行面材提料。

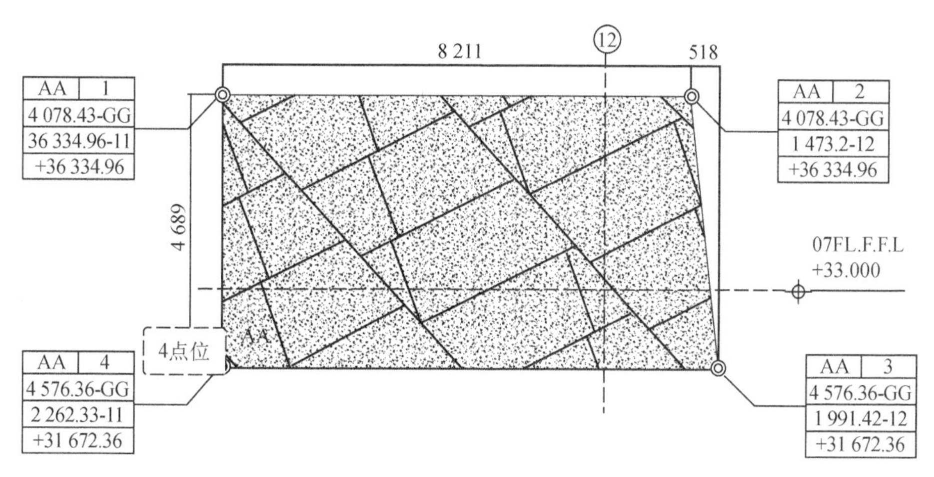

图6-6　金属板展开定位图

6.2.4　幕墙收边收口

收边收口对每个工程来说都是铝合金窗施工的重点。门窗施工有30%～40%的工作量在收边收口，收边收口的好坏直接影响铝合金窗施工的质量。例如各门窗与其他饰面在交接处或收边收口处容易产生漏水，施工难度较大，应重点把关。除此之外，门窗需确定和解决的难点还应考虑：

（1）如何实现门窗的防水功能完美无缺；

（2）如何保证门窗五金件开启灵活自如。

由于在运输堆放和吊装时容易造成玻璃或其他成品的损坏，如何保证安全地把门窗组件安装到位，这也是该工程考虑的重点。

6.2.5　材料的控制

（1）幕墙工程所用各种材料、五金配件、构件及组件的质量应符合设计要求及国家现行产品标准和技术规范的规定。

（2）所用的硅酮结构胶必须具有认定证书和抽查合格证明，进口硅酮胶具有商检证，要有国家指定检测机构出具的硅酮结构胶相容性和剥离黏结性试验报告。建筑幕墙的结构胶、耐候密封胶应采用同一厂家（品牌）生产的，不得将不同品牌混杂使用。

（3）为保证各种装饰产品的外观质量，玻璃、铝板、石材等的制作必须确保尺寸准确，本项目采用进口成套铝型材切割、组角、冲铣和弯圆加工设备，剪板机、折弯机等，美国进口双组分注胶机、大型玻璃磨边机、抛光机，进口三轴加工中心、六轴加工中心等大型精密设备，以确保本道工序板块制作精良。

（4）结构胶注胶是关键工序，玻璃板块的注胶是一个特殊过程。在此过程中，①要保证结构胶采用优质品。②要确保施工和生产严格按照工艺操作标准的要求进行生产。③要加强对这些工序的质量检验。④要保证用最熟练的操作工人施工。

6.2.6 焊缝处理

幕墙工程与钢结构焊接工程量大，焊缝质量的好坏是本工程最为重要的保障。为保证焊接质量，施工焊接时，焊接节点构造、塞焊缝和角焊缝都应满足相应的技术措施。

1）焊接节点构造要求

（1）尽量减少焊缝的数量和尺寸；

（2）焊缝布置对称于构件截面的中和轴；

（3）便于焊接操作，避免仰焊拉位置施焊；

（4）采用刚性较小的节点形式，避免焊缝密集和双向、三向相交；

（5）焊缝位置避开高应力区；

（6）根据不同焊接工艺方法合理选用坡口形状和尺寸；

（7）施工图中采用的焊缝符号应符合《焊缝符号表示法》（GB/T 324—2008）和《建筑结构制图标准》（GB/T 50105—2010）的规定，并应标明工厂车间施焊和工地安装施焊缝及所有焊缝的部位、类型、长度、焊接坡口形式和尺寸、焊脚尺寸、部分焊透接头的焊透深度。

2）塞焊和槽焊焊缝规定

（1）塞焊缝和槽焊缝的有效面积应为贴合面上圆孔或长槽孔的标称面积。

（2）塞焊焊缝的最小中心间隔应为孔径的 4 倍，槽焊缝的纵向最小间距应为槽孔长度的 2 倍，垂直于槽孔长度方向的两排槽孔的最小间距应为槽孔宽度的 4 倍。

（3）塞焊孔的最小直径不得小于开孔板厚度加 8 mm，最大直径应为最小直径值加 3 mm，或为开孔件厚度的 2.25 倍，并取两值中较大者。槽孔长度不应超过开孔件厚度的 10 倍，最小及最大槽宽规定与塞焊孔的最小及最大孔径规定相同。

（4）塞焊和槽焊的填焊调度：当母材厚度等于或小于 16 mm 时，应等于母材的厚度：当母材厚度大于 16 mm 时，不得小于母材厚度的一半，并不得小于 16 mm。

（5）塞焊焊缝和槽焊焊缝的尺寸应根据贴合面上承受的剪力计算确定。

（6）严禁在调质钢上采用塞焊和槽焊焊缝。

3）角焊缝的尺寸规定

（1）角焊缝的最小计算长度应为其焊脚尺寸（h）的 8 倍，且不得小于 40 mm；焊缝计算长度应为焊缝长度扣除引弧、收弧长度。

（2）角焊缝的有效面积应为焊缝计算长度与计算厚度（h）乘积。对任何方向的荷载，角焊缝上的应力应视为作用在这一有效面积上。

（3）断续角焊缝焊段的最小长度应不小于最小计算长度。

(4) 当被焊构件较薄板厚度≥25 mm 时，宜采用局部开坡口的角焊缝。

(5) 传递轴向力的部件，搭接接头角焊缝的最小搭接长度应为较薄件厚度的 5 倍，但不小于 25 mm，并应施焊纵向或横向双角焊缝。

6.3 质量控制要点

6.3.1 幕墙防水

幕墙型材的合理设计是防水的重要措施之一，将型材设计为压力平衡系统，该系统是依据雨幕原理，在幕墙型材上预设一个外部压力进入内部的引导孔，从而使内、外压力差调整平衡而达到外部水不易进入的目的。同时，在型材外缘及下部开有排水小孔，以排去进入内部的少量渗水或室内的结露水。以上防水和排水措施共同组成一个干燥密封系统，一方面使水不易进入幕墙内部，另一方面即使有水渗入也会自动排除。在预设孔洞时，每个横框上设 2 个，孔距拐角 100 mm 左右，上下孔之水平距离大于 50 mm，以防止空气串通。

6.3.2 密封胶的施工

密封胶施工厚度应大于 3.5 mm，施工宽度不应小于施工厚度的 2 倍，较深的密封槽口底部应采用聚乙烯发泡材料填塞；密封胶在接缝内应形成相对两面黏结，并不得三面黏结。

6.3.3 幕墙安装施工隐蔽工程验收

配合业主进行隐蔽工程验收，主要包括：构件与主体结构的连接节点的安装；幕墙与主体结构之间间隙节点的安装；幕墙伸缩缝、沉降缝、防震缝及墙面转角节点的安装以及幕墙防雷接地节点的安装。

6.3.4 幕墙防火技术保证措施

主要防火技术措施包括：

(1) 根据建筑防火分区总体设计与要求，以防火物料（防火岩棉、防火板、防火胶等）设立与幕墙相关的防火隔离带。尽量避免一大块玻璃跨楼层上、下两个防火分区，如果因外观分割需要使横梁与楼层结构标高相距较远时，应采用 1.5 mm 厚耐火镀锌钢板以及防火岩棉与横梁连接,形成防火分区。

(2) 层间防火设置位于建筑结构上、下边缘,各采用 100 mm 厚防火岩棉与 1.5 mm 厚镀锌铁板制成的防火隔断通长铺设,防火岩棉安装于镀锌钢板上,镀锌钢板固定于横向型材及结构边缘上,可以安全可靠地阻止烟火的层间扩散,防火线的填充材料采用非燃烧材料。

(3) 同层防火区间隔处理,明确责任方,应用不燃烧材料隔开两分区。

(4) 采用符合防火规范要求的材料,控制加工质量;板边沿缝隙应小于 3 mm,防火岩棉应填充密实,无缝隙。

(5) 所有承托幕墙的锚接点均以 2 h 耐火材料保护,具体为采用 1.5 mm 厚镀锌钢板制成高度 100 mm 的封闭箱体,内填充实防火岩棉,整体扣在转接系统上,并将其与楼板结构扣实固定并密封。

(6) 托板四周应根据被连接件材质不同选用合适的紧固件固定牢,两固定点之间间距以 350 mm～450 mm 为宜。

(7) 确保选用的材料符合国家规定的防火要求,不得采用易燃或遇火会产生有毒气体的材料等。

6.3.5 幕墙防渗、排水技术保证措施

1) 幕墙产生渗漏的原因和解决措施

幕墙产生渗漏的原因通常有以下三种:水、压力差、渗漏途径。其中,水是无法消除的,只有设法消除剩余两条因素,便可防止水的渗漏。本工程的框架系统用外侧的密封胶条和内侧的密封胶条形成双道密封,解决渗水现象。

2) 少量的渗漏水外排的措施

再完美的幕墙系统也不可能排除人为的施工因素造成的少量渗水,幕墙系统必须采取必要的外排措施:利用嵌缝胶条将大量的雨水挡在天幕外表面,防止水进入;如果少量雨水、结露水进入幕墙的型材腔内时,通过“集水槽、导水槽、外排泄孔”的办法将水引至室外。

6.4 幕墙施工部署

天禄湖国际大酒店项目工期较紧,工程量大,施工质量要求高,为保证按时保质保量完成施工任务,幕墙工程施工采用“统一管理、分区施工、分段控制”的管理手段,便于及时掌握节点工期,准确调整和修正方案,适时调配资源,保证准时完成任务。

6.4.1　施工前准备工作

施工准备是一项超前的工作，是对后续施工中合理投入人、财、物进行预见性的控制，使工程所需的各项资源达到最佳的配置，准备工作的好坏对后续工程的施工将产生很大的影响。工程项目部要对工程的技术资料、材料、设备、工具、人员及临时设施做好充分的准备，同时对工程概况进行了解，熟悉甲方、监理、总承包、设计院及其他有关施工单位的有关情况，掌握施工用水、用电、道路、工业场地、垂直运输和脚手架等情况，为施工做前瞻工作。

1）技术资料

首先图纸准备，应对图纸充分熟悉，对不清楚有疑难的地方要问明弄懂，还需要准备有关图集、质量验收标准、安全指标的各种需用表格和有关工程竣工验收需用的资料等。

2）设备、仪器、工、机具准备

对所需的设备工具、器具、仪表提出供应计划，具体到型号、数量供应时间等，同时要将计划送交主管领导审批以后交供应、财务部共同做好准备。

3）材料准备

根据图纸及工程情况做出详细的材料计划书，根据施工进度计划对所有材料的供货时间作好安排。

4）人员准备

项目经理对本项目拟使用的各类工作及施工人员事先列出详细计划，包括工种、人数、进场时间，努力做到落实到岗位，明确责任。

5）施工方案的准备

要对施工进度、工程质量、生产安全进行有效的控制，必须做好详细的施工组织设计，施工组织计划准备得越细、落实得越充分，工程的进度、质量就能控制得越好。

6.4.2　施工安排和施工段的划分

幕墙施工主要分为四个阶段，即前期准备工作阶段，龙骨安装阶段，面材安装阶段和打胶清理阶段。

1）第一阶段——前期准备工作

该阶段为前期准备工作，包括点位复核、测量、放线、定位、埋件和钢支托的定位。在此施工阶段，幕墙施工人员需进行现场脚手架的搭设工作，且需与总包协调，提供材料堆放的位置。

2）第二阶段——龙骨安装

此阶段的主要工作包括埋件安装、转接件焊接及防火封堵处理和避雷施工。对埋件及转接件校核无误后进行安装及焊接，依据施工图纸的分割形式安装工程骨架。该工程幕墙所用骨架主要为铝型材、钢龙骨和铝合金龙骨，铝型材主要用于玻璃幕墙，钢龙骨主要用于转接件、采光顶、格栅骨架，铝合金龙骨主要用于铝板幕墙骨架。

从安装结构上，先立竖框，后上横框，竖框定位校正后再装横框，这能很好地保证横竖框的直线度，这是保证幕墙安装质量的前提因素之一。竖向龙骨采用从下至上的安装顺序。在安装过程中，检查人员随时查看型材的安装质量，对不合标准的框架及时调整或予以更换，确保工程质量。

3）第三阶段——面材安装

龙骨安装调试后即可进行幕墙板块的安装，面材采用脚手架或吊篮安装，并且考虑工程中存在部分材料重量较大，需采用机械辅助安装。现场安装时，要先分清标号，确定无误后再进行板块调运安装。各小组在同时施工作业时要相互配合，共同做好衔接处的处理工作。

4）第四阶段——打胶清理

待整个工程完成过半即可进行打胶（也可边安装边打胶）工作，在接缝两边贴上不小于25 mm宽的保护胶带，清洗胶缝，注胶时要均匀、饱满，不得有未注到的地方。注好的胶面要进行整修，保证胶缝表面光滑、平整，并对表面进行清洁后撕去打胶用的保护胶带。待整个工程安装完毕后清理现场及临时设施，交业主验收，同时准备撤离现场。

6.5 弧形玻璃幕墙施工技术

6.5.1 测量放线

（1）测量放线所需仪器工具必须齐全，且经过检测合格后方可使用。

（2）所有测量数据必须经过复核，若超过允许误差，应查找原因及时纠正。若在误差范围内，则确认，进行下一步连线工作。

6.5.2 结构及埋件的检查

（1）支座的定位线弹好以后，在结构处拉垂直钢线，以及横向线作为安装控制线。检查结构的标高及埋件尺寸，将检查尺寸记录下来，反馈给监理、业主。

（2）埋件节点板与主体连接必须紧密平整，主体结构不平整处要剔凿，剔凿后用角磨磨。

（3）埋件节点板位置必须准确。

（4）后埋处理螺杆锚入时必须保持垂直混凝土面，不允许上倾或下斜，确保有充分的锚固深度，锚入后拧紧时不允许连杆转动。

(5) 螺杆锁紧时扭矩力必须达到规范和设计要求。

6.5.3　连接件的安装

如图 6-7 所示,首先由测量放样人员将连接件的分格线及标高线全部弹在结构预埋件上,作为安装连接件的基准线。

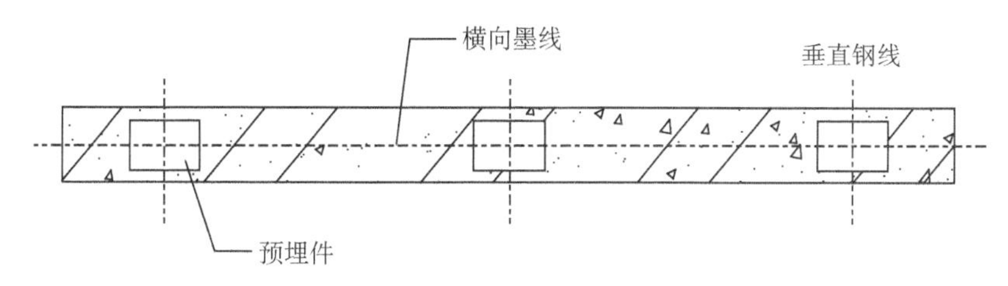

图 6-7　连接件的基准线

立柱在安装之前,首先对立柱进行直线度的检查,检查的方法采用拉线法,若不符合要求,经矫正后再上墙进行安装,将误差控制在允许的范围内。先对照施工图检查主梁的加工孔位是否正确,然后用螺栓将立柱与连接件连接,调整立柱的垂直度与水平度,然后上紧螺母。立柱的前后位置依据连接件上长孔进行调节,上下依据方通长孔调节,如图 6-8 所示。

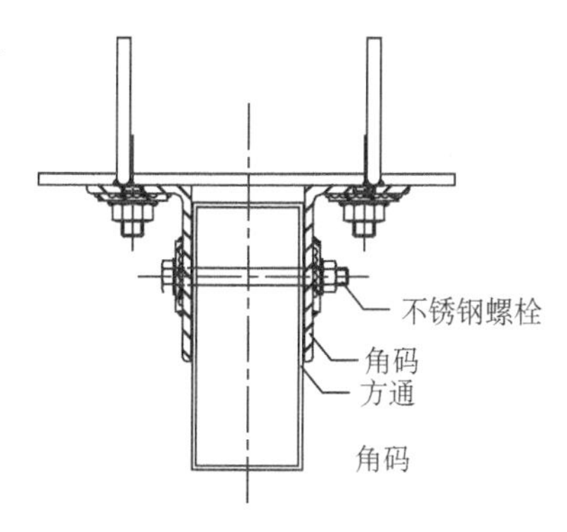

图 6-8　立柱连接件节点图

立柱就位后,依据测量组所布置的钢丝线、综合施工图进行安装检查,各尺寸符合要求后,对钢龙骨进行直线的检查,确保钢龙骨的轴线偏差在规定范围内。

6.5.4　玻璃幕墙龙骨安装

(1) 立柱的分割安装控制。柱的安装依据竖向钢直线以及横向鱼丝线进行调节安装,直至各尺寸符合要求,竖向龙骨安装后进行轴向偏差的检查,立柱安装轴线偏差不应大于 2 mm,相邻两根立柱安装标高偏差不应大于 3 mm,同层产柱的最大标高偏差不应大于 5 mm;相邻两根立柱固定点的距离偏差不应大于 2 mm;立柱安装就位,调整后应及时紧固。否则会影响横料的安装。

(2) 横料就位与角钢片(角码)孔位。龙骨安装后进行横向龙骨的安装,横向龙骨未安装之前,首先角铝的安装、角钢片的安装位置应依设计要求进行,横向龙骨承受玻璃的重压,横料会产生翘尾巴,因而竖料上的孔位、角钢片的孔位应采用过渡配合,孔的尺寸不应大于 10 mm。

（3）立柱的安装必须垂直，进出位、标高、分格尺寸在误差允许范围内。

（4）立柱插芯长度 400 mm，伸缩缝下口距连接螺栓根据设计要求尽量控制在 50～150 mm 内。

（5）横向龙骨的安装。①横梁应安装牢固，设计中横梁和立柱间留有空隙时，空隙宽度应符合设计要求；②横梁安装进出位、标高、分格尺寸、相邻高差及对角线误差均应在允许范围内，次龙骨与立柱连接加橡胶垫片。横向龙骨在安装过程中，同一根横梁两端或相邻横梁的水平标高偏差不应大于 1 mm。同层标高偏差：当一幅幕墙宽度不大于 35 m 时，不应大于 5 mm；当一幅幕墙宽度大于 35 mm 时，不应大于 7 mm；当安装完成一层高度时，应及时进行检查、校正和固定。

（6）防噪声隔离片的安装。由于铝合金幕墙热胀冷缩会产生噪声，在横料与竖料之间须进行隔热处理，整根横料应比分格尺寸短 4～4.5 mm，横料二端须安装 2 mm 防噪声隔离片（2 mm 缝或打胶处理）。

（7）层间防火层安装。防火层必须外包 1.5 mm 厚度防火钢板，内填 100 mm 防火岩棉；根据设计要求，楼层竖向应形成连续防火分区，特殊要求平面设置防火隔断；楼板处要形成防火实体，玻璃幕宜设上、下两道防火层；同一块玻璃不宜跨两个分火区域；防火层与幕墙和主体之间缝隙用防火胶严密密封。

6.5.5 幕墙面材安装

（1）玻璃安装应将尘土和污物擦拭干净。

（2）玻璃与构件避免直接接触，玻璃四周与构件凹槽底保持一定空隙。

（3）玻璃压块不应小于 30 mm，从板边 100 mm 处布置间距不大于 300 mm，且 M6 的螺栓倒扣连接须紧固。

（4）检查密封胶条的穿条质量。断口留在四角，拼角处黏结牢固。

（5）玻璃板板块安装与框架型材的间隙、平整度、垂直度和误差在允许偏差范围内。

（6）玻璃板在工厂里已经预制完成，每块板片上有生产合格证以及板片的型号，施工人员应按板片编号图进行安装。

（7）横梁橡胶垫块的安装。安装玻璃之前在横梁上先放上氯丁橡胶垫块，玻璃垫块安放位置距边 $1/4L$ 处，垫块长度不小于 100 mm，厚度不小于 5 mm。每块玻璃的垫块不得少于 2 块。

（8）板块压条的安装。应符合设计要求，在未装板片之前，先将压条固定在竖料上，拧到 5 分紧，压块以不落下为准。

（9）玻璃板件的安装。玻璃板片在安装调整过程中，相邻二玻璃板高低差控制在 <1 mm，缝宽控制在 ±1 mm。调整完成后安装竖向装饰条及打胶。

（10）打胶嵌缝。充分清洁板材间间隙，不应有水、油渍、灰尘等杂物，应充分清洁黏结面，加以干燥。硅酮建筑密封胶的施工厚度应大于 3.5 mm，施工宽度不宜小于施工厚度的 2 倍，较深的密封槽口底部应采用聚乙烯发泡材料堵塞；泡沫条填充时应连续，抹胶处应连接密实。贴胶带纸牢固密实，转角及接头处连接顺畅且紧贴板边。胶带纸粘贴时不允许有张口、脱落、不顺直等现象。打胶工程中应保证缝胶光滑饱满，接头不留凹凸、纹路等缺陷。硅酮建筑密封胶在接缝内应两对面黏结，不应三面黏结。打胶后，应在胶快干时及时将胶带纸清理干净，并立即处理因撕胶带时碰伤的胶表面。打胶的厚度不应打得太薄或太厚，且胶体表面应平整、光滑，玻璃清洁无污物。封顶、封边、封底应牢固美观、不渗水，封顶的水应向里排。打胶完毕后，应及时把污染板面的胶清理干净。

6.6 弧形铝板幕墙施工技术

6.6.1 深化设计

针对天禄湖国际大酒店弧形铝板幕墙双向弯曲的特点，进行双曲面铝板单元及整体幕墙结构的深化设计。如图 6-9 所示，双曲面铝板单元由预制双曲铝单板、铝折边、固定连接扁钢、连接角铝和拉铆钉等构件组成，其造型由弧 A、弧 B、弧 C 和弧 D 的几何尺寸（弧长和半径）以及角点至定位参照平面的垂直距离 H 所控制。如图 6-10 所示，弧形铝板幕墙主要由双曲面幕墙面板系统、幕墙铝龙骨系统和弧形钢结构主体系统三个部分组成。

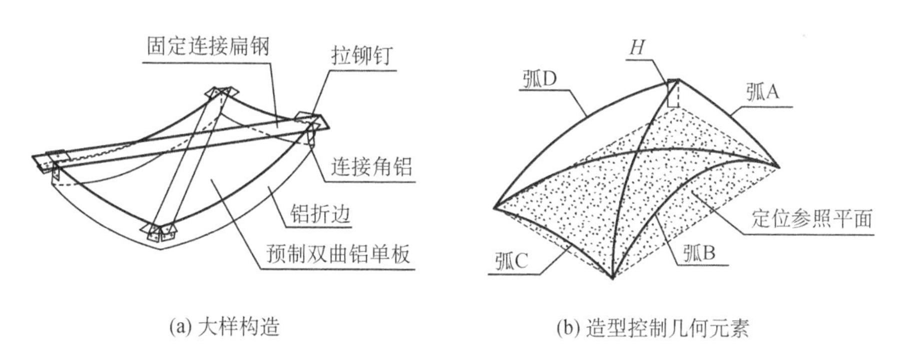

图 6-9　双曲面铝板单元

弧形铝板幕墙深化设计成果的优点包括如下：

（1）利用预制双曲铝单板侧边成形有铝折边，连接角铝设置于预制双曲铝单板上并通过拉铆钉与铝折边固定连接，固定连接扁钢设置成交叉状态，固定连接扁钢端部通过拉铆钉与连接角铝固定连接，从而构成预制双曲铝单板的安装单元板块，通过对预制双曲铝单板进行折边加强和设置两根固定连接扁钢的措施，从而显著增强了预制双曲铝单板抵抗风荷载、温度作用的能力，在安装施工和长期使用过程中不易产生残余变形，从而保证预制双

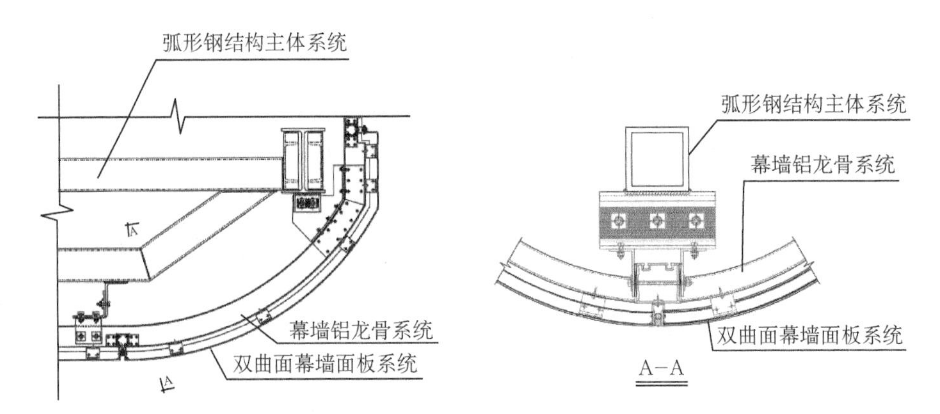

图 6-10　弧形铝板幕墙剖面图

曲铝单板的双向曲线顺畅，保持其美观效果。

(2) 双曲面幕墙面板系统的安装节点构造，通过板缝槽铝连接相邻预制双曲铝单板，并在板缝槽铝与预制双曲铝单板端部形成的空腔内填充泡沫棒以及耐候密封胶的措施，一方面利于分块疏导因温度作用引起的双曲面幕墙面板系统变形，将变形均匀分散到各块预制双曲铝单板之间的缝隙，另一方面形成可靠的防雨水渗漏构造。

(3) 通过加厚预制双曲铝单板的厚度至 4～4.5 mm，进一步增强了预制双曲铝单板抵抗风荷载、温度作用的能力。

(4) 幕墙铝龙骨系统与弧形钢结构主体系统通过不锈钢螺栓组件固定连接，更具体地说，弧形铝合金主龙骨沿着弧形工字钢环向梁布置连接，并且控制弧形铝合金主龙骨安装间距的范围为 1 600～2 000 mm 之间，从而有效地分解因温度作用造成的弧形钢结构变形，使得弧形钢结构的变形均匀地分配到各榀弧形铝合金主龙骨之间，从而进一步保证了双曲面幕墙面板系统抵抗温度作用而引起的变形，保证其防水性能和美观性。

6.6.2　测量放线

(1) 放线工首先与总包方确定好基准轴线和水准点，再用经纬仪放出控制线以及拐角控制线。

(2) 对土建提供的基准中心线、水平线进行复测，无误后放钢线，定出幕墙安装基准线。为保证不受其他因素影响，放完线后，用水平仪检测、调准。

6.6.3　结构及埋件检查

根据测量放线结果检查结构是否符合幕墙的安装精度要求，如超出允许偏差范围则应通知总包单位进行处理，直至达到要求。检查埋设的埋件是否符合设计要求，若偏差较大的设计须做出修正方案。

6.6.4　连接件的安装

（1）首先由测量放样人员将连接件的分格线及标高线全部弹在结构上，作为安装连接件的基准线。

（2）依据放线组所弹中心线、分格线安装钢连接件，要求钢连接件高低、左右控制在 2～3 mm 之内。

依据放线组所布置的钢丝线，结合施工图进行安装。先通过螺栓将角码连接在埋件上，调节螺栓至安装位置，然后拧紧螺栓。

6.6.5　钢龙骨的安装

（1）钢龙骨在安装之前，首先对钢龙骨进行直线度检查，检查的方法采用拉通线法，若不符合要求，经矫正后再上墙，如图 6-11 所示。

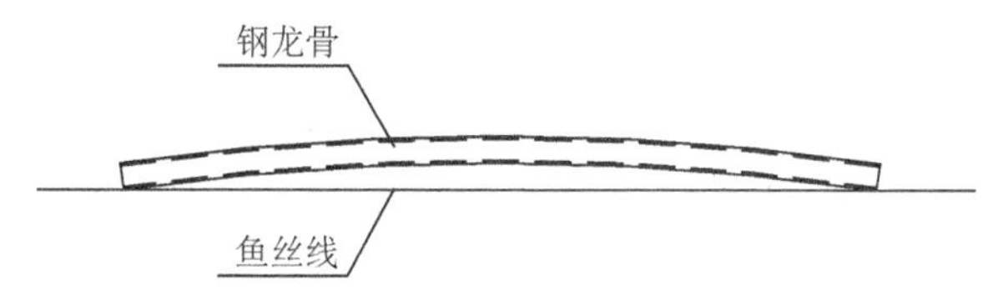

图 6-11　拉通线法检查钢龙骨的直线度

（2）钢龙骨安装顺序是从下向上，骨架安装时须全面检查，随时调整，减少误差。由于全部采用栓接方式，螺栓应全部加平垫、弹垫以防松动。

（3）整个墙面竖龙骨的安装尺寸误差要在外控制线尺寸范围内消化，误差数不得向外伸延。各竖龙骨安装依据靠近轴线处控制钢丝线为基准，进行分格安装。

（4）竖向龙骨安装完毕，检查分割情况，若符合规范要求后再进行横向龙骨的安装。待安装完成，经自检合格后填写隐蔽单，报监理验收；验收合格后焊缝涂刷两道防锈漆，然后进行下道工序施工。

6.6.6　层间防火层安装

（1）防火层必须外包 1.5 mm 厚度镀锌钢板，内填 100 mm 防火岩棉。

（2）根据设计要求，楼层竖向应形成连续防火分区，特殊要求平面也应设置防火隔断。

（3）楼板处要形成防火实体，玻璃幕宜设上、下两道防火层。

（4）防火层与幕墙和主体之间的缝隙用防火胶严密密封。

6.6.7 保温层安装

(1) 龙骨安装完毕后进行保温层安装。

(2) 保温岩棉安装时,应拼缝密实,不留间隙,上下应错缝搭接。

第7章 智慧工地应用技术

智慧工地本质上是一套系统化的管理程序，以信息处理技术和信息化管理手段构建一个拥有智能决策、安全监控和信息共享等多功能的管理平台或工具。天禄湖国际大酒店项目搭建了“智慧工地平台”，不仅能在施工前进行风险评估和预警，而且能对整个施工过程进行实时监控，同时还具有后期维护的强大功能。智慧工地系统要充分发挥作用离不开三个要素，即应用层、终端层和平台层。首先是应用层——智慧工地系统的核心，它的主要功能是对施工项目安全管理的流程进行优化重组，提高施工效率和质量。因此是安全管理的基础和建筑施工企业良性发展的前提。其次，终端层——由计算机、摄影摄像设备和智能手机等电子通信设备连接构成，通过对施工现场相关数据的搜集，实现实时监控的功能。最后，平台层——信息处理反馈，通过各个平台或工具的协调运作，并依托大数据和信息处理技术，实现信息处理、传递和共享。

7.1 安全管理系统

7.1.1 应用背景

天禄湖国际大酒店项目建筑体量大且结构相对复杂、现场环境复杂多变、施工过程安全隐患大，容易引发安全事故和系统风险，对项目影响巨大，如何采取针对性措施，通过智能化、信息化等智慧手段实现对施工安全进行有效管控，降低施工风险，是项目建设施工安全管理过程急需解决的问题。

建筑业属于劳动密集、管理粗放型产业，传统监管方式多依赖于人的主观排查，安全事故频繁发生。为提高安全管理效率、实现安全建造，基于物联网、虚拟现实、云计算和射频识别等技术的智能设备在施工现场安全管理中的应用，以降低事故发生频率，促进传统建筑行业向绿色建造、智能建造转变。

7.1.2 关键技术分析

天禄湖国际大酒店项目通过智慧工地平台应用构建信息化安全管理体系，实现安全管理过程可追溯、结果可分析，不让风险转换为隐患，不让隐患转化为事故。

智慧工地平台建立“四个一”的安全管理体系：“一个日常使用的工具”，通过手机端便捷地在现场抓拍、录入安全隐患，一次录入后台自动留存可多次使用，提高办公效率；自动生成相关表单，减少重复工作，并且项目和企业数据联动。“一个智慧化决策平台”，数据自动生成安全管理数据分析，为决策提供数据支撑。“一套更好的安全管理体系”，形成新的安全管理、考核机制、岗位职责，改进安全管理体系。“一批高素质管理队伍”，逐步培养一批新体系、新技术的安全管理人才。

针对天禄湖国际大酒店项目复杂钢框架结构的项目特点，首先进行建筑施工管理危险源分析，作为智慧工地平台进行安全管理的重要内容：

(1) 高处坠落事故分析。在钢结构吊装、楼层板混凝土浇筑、幕墙安装等施工过程中，由于施工现场情况错综复杂，需要采取有效防护措施以确保施工人员的安全。例如工人从高空钢构件上坠落事故原因主要是因安全带和安全绳连接不牢固、安全栏杆焊接不牢固等情况引起；再如脚手架坠落事故原因主要是因外架未设置密目网、作业层未设置临边护身栏杆、架体载荷过大、脚手架钢管存在质量缺陷、架子工操作不当坠落、拆除脚手架时未做到一步一清及脚手架上钢芭未铺满等引起。

(2) 物体打击事故分析。例如对钢管打击事故原因进行分析，主要为交叉施工作业时未设置防护隔离措施、钢管错误堆放在高层临边位置、未设置密目式安全网、钢管等物体未绑扎牢固、进场未佩戴安全帽及吊装操作不规范等造成。

(3) 重机械伤害事故分析。复杂钢框架结构施工过程中，对起重设备的需求大，结合钢结构项目起重机械伤害事故分析，例如在吊物坠落事故原因方面主要有重物的捆绑方法不符合要求、钢丝绳维护保养缺失、施工现场模板等材料堆放混乱、起吊过程中存在磕碰情况、野蛮起吊导致钢丝绳断裂、吊钩没有二次保险装置及吊装角度不对等。

(4) 坍塌事故分析。项目建设过程中出现坍塌事故主要为脚手架坍塌、土方坍塌、主体坍塌、墙体坍塌四大类型。以脚手架坍塌事故为例分析，其原因主要有现场模板等材料堆放混乱、拆除过程中无相关安全防护措施、架子工未持有特种作业人员资质证书、模板支撑体系搭设未按方案实施、拆模管理混乱、混凝土强度不够、固定支架强度未达标准要求、模板承受荷载过重等。

(5) 触电伤害事故分析。钢结构项目施工过程中设备和照明需要用电量大，主要出现的触电伤害事故为吊车触碰高压线、高压线触电、电动工具触电、临时用电触电等造成。以吊车触碰高压线为例，主要由于起吊过程中未有安全防护措施、起吊司机未按操作规程操作、起吊期间未设置防护警戒线、吊装车辆未经过年检就使用等。

7.1.3　系统功能实现

（1）如图7-1所示，“智慧工地平台”让安全管理从被动受检变成主动检查。原来的安全监督工作更多体现在定时和不定时安全检查，查项目施工现场，查项目安全资料，而且，在原有模式下整改单接收难，现场工长对安全员工作不够支持，下发的整改单经常被不理睬、不接收，这或多或少在安全检查工作上存在滞后和片面性，使得安全检查工作成了临时性、指令性、周期性管理而非常态化管理。安全隐患排查系统可实时查看各项目是否做了检查工作，有没有超期未改的隐患，目前还存在多少隐患，让管理层一目了然。

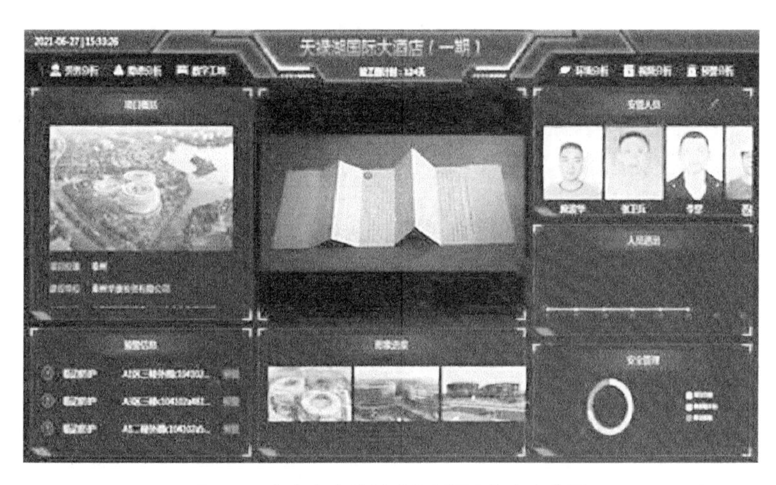

图7-1　安全隐患统计分析界面（电脑端截屏）

（2）通常安全隐患信息基本是通过微信群/QQ群来传达，并填写整改通知单，很多问题通过微信/QQ消息太多太乱，记录查找困难，难以汇总分析；整改单、检查台账等单据编写造成重复工作，内容二次填写、照片导出导入，费时费力。使用“智慧工地平台”后，做到通知单的自动生成，在系统中记录的都是鲜活真实的隐患内容，对文字资料及图片进行整理，形成安全相册用以安全教育培训，快速提升一线人员业务水平。

（3）“智慧工地平台”助力精细化管理分包单位。对于劳务分包和专业分包商的管理，“智慧工地平台”中可以统计出每家分包单位涉及的安全生产隐患数量、隐患类别、整改情况等，根据统计的安全生产隐患数据对分包单位进行量化考核，奖优罚劣，有效促进了分包单位安全管理水平的提高。

（4）“智慧工地平台”显著提升巡检机制的效率。可以轻松实现高效记录现场安全管理业务细节，所有工作环节流程化、规范化。通过现场安全隐患排查治理，内置隐患排查标准，并且公司和项目部两个层面可批量制订排查计划，相关人员通过手机端执行隐患排查任务。项目人员利用手机端在现场发现隐患，随手拍照、描述情况并发送整改人，使整改工作责任到人；整改人收到相关整改要求进行整改并回复反馈给复查人，复查人收到通知后进行复查，根据相关信息查看是否符合要求，符合即闭环，不符合则再重新整改；数据在后台以汇总分析呈现，从而形成管理的闭环(图 7-2)，防止发生互相推诿事件。再通过配合绩效考核制度进行奖惩，提高项目管理人员的安全隐患意识，促进所有一线人员都在找问题、查隐患并及时整改。

图 7-2 “智慧工地平台”安全管理闭环操作(手机端截屏)

7.1.4 应用效果分析

基于“智慧工地平台”对施工现场安全隐患进行排查，轻松实现“检查—整改—复查”的闭环管理，产生了良好的应用效果：

(1) 若发现安全隐患问题，可实时指派整改人以及指定整改日期，快速同步下发。

(2) 传统的安全隐患排查需要繁琐的流程才能销项，工作效率滞后，巡检系统的运用可以在第一时间、让第一责任人得到通知、整改、销项处理，节约了整改落实的时间，保证了高质量整改率。且问题可随时查看，人力资源的利用更为高效，提高工作效率，从信息反馈不及时变成信息集成和实时共享。

(3) 所处理的安全问题报表可自动生成，为巡检员节省了大量的时间与精力。

(4) 明确责任，落实现场问题负责制，能够把负责人负责区域的内容制订下来。确定安全负责人的负责区域，明确负责人的负责内容，同时，在问题处理的流转过程中，所有管理痕迹都记录在云端，后期若有问题可以进行责任追溯。

(5) “智慧工地平台”积累了企业安全管理的大数据，为进一步提升安全管理水平提供数据支撑。

7.2 人员信息动态管理

7.2.1 应用背景

“智慧工地平台”的人员动态管理系统旨在建设一套集实名制入场教育、人员信息录入、人员定位、工时管理、考勤、工资发放及黑名单等为一体的管理平台。增强劳务人员备案资料的真实性和准确性，实现掌握劳务人员的实时位置，提取每日的工时情况，固定劳务人员考勤证据；为管理层实时掌握在施工一线的劳务人员信息数据提供便利，满足精细化管理要求。

7.2.2 关键技术分析

基于“智慧工地平台”的人员管理系统是指利用物联网技术，集成各类智能终端设备对建设项目现场劳务工人实现高效管理的综合信息化系统。系统能够实现工人实名登记、安全教育、考勤管理、工资监管、现场管理以及各模块的统计分析等，从而提高项目现场劳务用工管理能力，保障劳务工人与企业合法利益的双赢。

传统实名制管理将劳务管理员束缚在电脑前，加上施工现场复杂的环境，项目投入大量成本却难以得到应用效果。而采用“智慧工地平台”后，项目人员管理辅助采用物联网＋无线应用技术，精简硬件投入成本，使用更智能和便捷的采集终端，大大减少管理人员精力和项目投入成本，提升项目管理效益。

除了解决基本的实名登记和门禁考勤外，创新地融合穿戴设备物联网技术，将管理推进到施工现场以内，帮助管理者更准确和更有效地掌握工人位置、轨迹、停留时间和危险报警等信息，覆盖工程项目场内和场外人员全面管理的能力。

现场劳务人员管理分“三步走”：人员进场登记环节，利用手持设备对人员信息快速登记，登记一人仅需 10 s；安全教育环节，登记完成即进行工人的安全教育，并录入系统，现场随时可用手机查看；门禁系统录入环节，门禁系统可采用人脸识别快速录入，也可通过手机端快速、便捷地录入。

智慧工地系统拥有智能化的人员管理功能。其中的实名制管理模块能为每个工作人员建立台账或档案，每个人的档案与其工作行为紧密关联并及时更新。这样系统就能对人员的工作行为进行监控，对违章违规作业能及时发现并反馈给班组长以及其他直接管理人员，同时提出针对性的改正意见。智慧工地系统的人员管理模块在每个月的月底会对每个管理对象的违规违章行为进行统计，并分析评估得出安全生产模范和不同人员安全生产的排名。对表现优异的人员给予一定的奖励，而对于表现不佳的人员进行惩罚，对于处罚次数累计达到上限者会提示其被禁止进入工地作业。

7.2.3 系统功能实现

1）人脸识别门禁管理系统

项目实行施工现场封闭式管理，入场实名制通道采用八通道三辊闸脸纹识别技术，准确记录工人进出场考勤信息。人员进场前必须进行安全教育，教育合格后对劳务人员进行身份证信息读取并录入系统。现场施工区封闭，设置工人专用通道，在通道处安装门禁设备和 LED 屏（图 7-3），工人上下班通过闸机通道时刷考勤卡或人脸自动识别，LED 屏和电脑端均显示工人信息，禁止人卡不对应的人员进场（图 7-4）。

图 7-3 人脸识别门禁设施

图 7-4 人员进出管理

2）安全帽定位识别

如图 7-5 所示，基于安全帽的人员定位系统是在安全帽内设置定位模块，并对应相应工作人员的录入信息。工地的主要出入口及危险区域配备工地宝，主动感应安全帽芯片发出的信号，记录时间和位置，通过物联网上传到云端，再经过云端服务器处理，得出人员的

(a) 定位安全帽

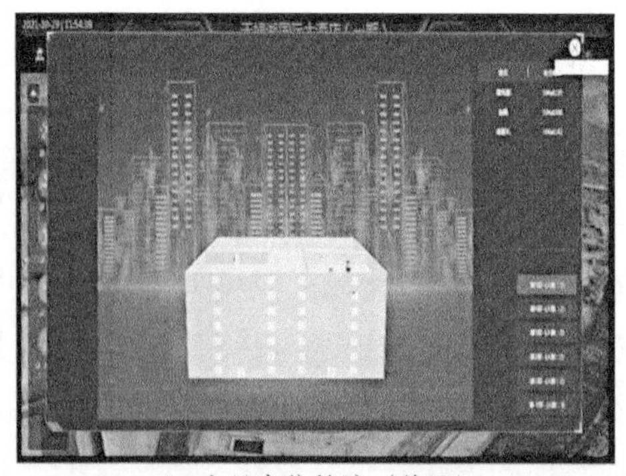

(b) 人员定位轨迹（截屏）

图 7-5 基于安全帽的人员定位系统

位置和分布区域信息，并绘制全天移动轨迹。同时提供人员进入工地现场长时间没有出来的异常提醒，辅助项目对人员的安全监测。作业人员进入现场需佩戴智能安全帽，工地宝接收到安全帽中芯片发出的信号，系统中可显示出人员位置及行动轨迹，再配合门禁系统的进出记录，实现对现场劳动力数量及配置情况的实时掌握。

3) 基于 VR 技术的安全教育

利用 VR 技术的高度沉浸感、现实感的特点，将施工现场无法真实模拟的安全隐患和伤害后果引入虚拟现实中。通过佩戴 VR 眼镜(图 7-6)，让工人在虚拟场景中体会各安全隐患及所带来的伤害后果(图 7-7)，在其心灵上产生触动，引起其心灵深处对安全的重视，起到安全培训深入人心的效果，从而达到安全生产的目的。

图 7-6　基于 VR 技术的安全教育

(a) 升降机坠落

(b) 触电事故

(c) 物体打击

图 7-7　安全隐患体验的虚拟场景

4) LED 大屏现场在岗人员信息显示系统

图 7-8　LED 大屏现场在岗人员信息显示

在工地的实名制通道设置显示器大屏(图 7-8)，与劳务管理系统连接，可以实时显示在场人数、工种及人数、当天进出人员等信息。有效监管工资发放，降低劳务薪资纠纷的风险。使用系统考勤表作为发放工资依据，劳务人员确认签字后，直接将工资转入其本人的银行卡，将工资发放明细、工资支付凭证、班组签字的考勤表等上传系统留存，极大地规避了劳务纠纷。利用出勤率、考勤表等作为生产例会中用工量分析依据，防范因劳动力不足导致影响进度的风险。

5）远程监控系统

为了实时掌握进入施工现场人员的活动情况，项目部在关键部位设置高清摄像头，包括：大门出入口、作业面、冲洗平台和塔吊吊钩等。监测画面实时上传工作平台（图 7-9），管理人员可随时了解现场情况。

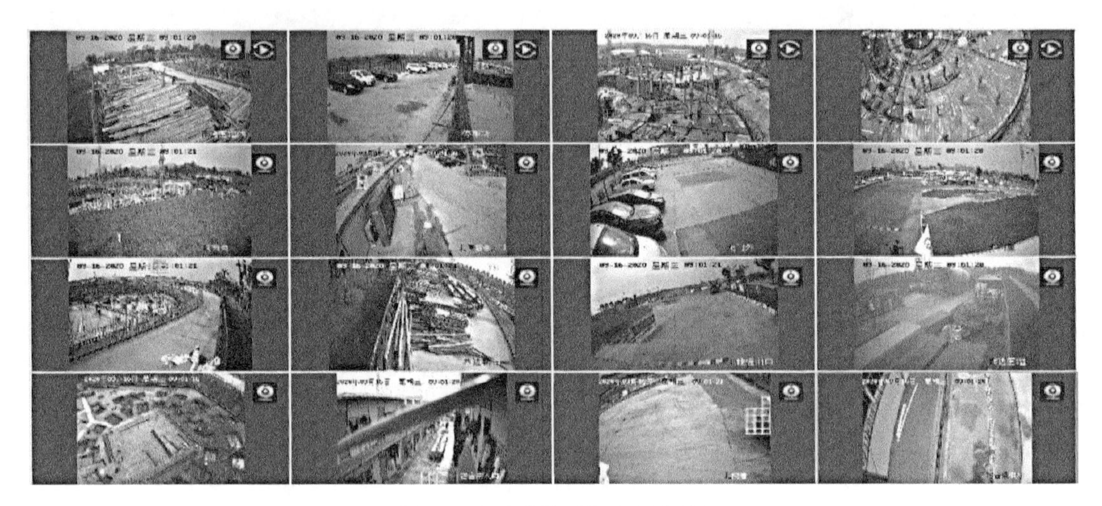

图 7-9　远程监控系统显示（截屏）

7.2.4　应用效果分析

（1）劳务实名制管理。与泰州市安全信息平台连接，对工程建设项目中施工现场劳务作业人员实行有效身份实名管理。

（2）为人员考勤提供真实、有利的数据信息。严格规范控制劳务作业人员的进出场管理，可以从根本上掌握劳务作业人员工资兑付和劳务费的结付情况，是解决劳资纠纷、判定纠纷责任的第一手有效材料。

（3）对关键岗位人员去向的监测管理，可有效防止关键岗位人员脱岗，确保责任到位。

（4）通过智能安全帽实现劳务人员动态显示，对现场人员进行实时追踪定位管理，全方位知晓人员行踪等信息，确保人员安全。

（5）人员异常预警。对人员长时间未离开施工现场进行警报。

（6）通过分析各工种在施工阶段中的人数，更好地帮助管理者制订人员安排计划。

（7）VR 安全教育。使用“VR 安全教育”进行人员安全动态管理，实现了基于施工现场各种施工工序和危险源，通过现场实际情况和虚拟危险源的结合，让体验者可以走进真实的虚拟现实场景中，通过沉浸式和互动式体验让体验者得到更深刻的安全意识教育以提升全员生产安全意识水平，并在平台上保留人员教育记录。

7.3 扬尘监控与自动降尘系统

7.3.1 应用背景

随着我国经济迅猛发展，环境污染问题日趋严重，以可吸入颗粒物（PM_{10}）、细颗粒物（$PM_{2.5}$）为特征污染物的区域性大气环境问题日益突出，全国各地频发雾霾、大雾天气，对人民群众的健康、社会的可持续发展带来巨大伤害。施工现场一直是扬尘制造较为严重的区域，施工工地的扬尘治理一直是环保部门重点关注的对象。对建筑工地实现有效的监管，促进建筑工地安全施工、绿色施工、文明施工是各级政府监管部门亟须解决的问题。

传统的走动检查模式已经很难满足新形势下的监管要求，在政府推行逐级监管的同时，重点强调监管服务能力建设，需要重视工作方式的转变，全面、智能、准确、动态、实时反映扬尘监管服务情况，数字监管建设需要思考利用先进的信息化手段建立一套科学有效的监管系统，实现对建筑工地施工现场扬尘管控与自动降尘实施效果全要素、全方位、全过程的监管。如图 7-10 所示，天禄湖国际大酒店建设项目在工地上建设了较全面的扬尘监控与自动降尘系统，为项目提供实时、有效的扬尘治理数据，便于进行扬尘超标数值的统计和原因分析，并配合自动降尘系统采取其他的环保措施，有效控制项目扬尘，改善周边空气质量。

(a) 室外设施及显示屏

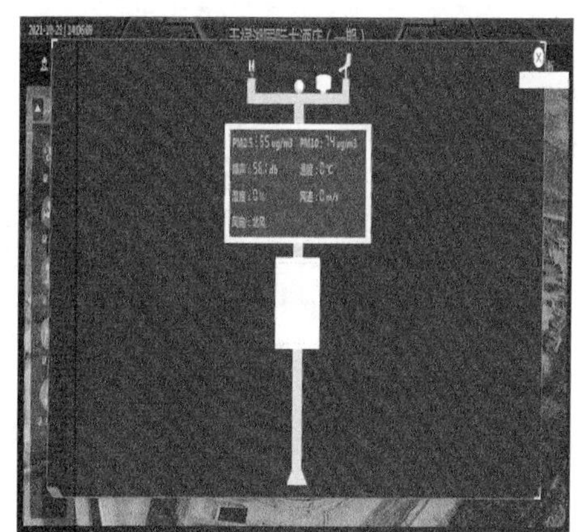

(b) 电脑端显示（截屏）

图 7-10　扬尘监控与自动降尘系统

7.3.2 关键技术分析

扬尘监控与自动降尘系统的关键设备为扬尘监测仪器，其主要部件包含显示模组和

$PM_{2.5}/PM_{10}$ 传感器、温度/湿度传感器、风速/风向传感器、噪声传感器等七项监测。该系统已经实现了传感器、显示屏、电源、主板和 GPRS 网络等一体化设计，现场安装简便可行，只要立杆安装整机，能够通电即可使用。

7.3.3 系统功能实现

1) 扬尘噪声监测系统

现场安装了双证、双屏扬尘噪声监测设备，对施工现场的气象参数、扬尘参数等进行监测与显示，对扬尘监测设备采集到的 $PM_{2.5}$、PM_{10} 等扬尘数据，噪声数据，风速、风向、温度、湿度和大气压等数据进行展示(图 7-11)，并对以上数据进行分时段统计。每一项参数在扬尘噪声监测设备上均设备自的传感器，传感器与设备集成系统连接，数据每 30 s 更新一次，通过光纤或无线 GPRS 方式传输，与平台同步更新。对施工现场视频图形进行远程展示，从而实现对施工现场扬尘污染等监控、监测的远程化、可视化。

图 7-11　扬尘噪声监测系统的显示界面

扬尘噪声设备可以实现全天候监测，云平台数据记录可以保存 6 个月以上。按照环保部门要求，施工现场 PM_{10} 最大限值不得超过 150 $\mu g/m^3$，昼间施工噪声不得超过 70 dB，夜间施工噪声不得超过 55 dB。项目部设置的 PM_{10} 限值比环境保护要求的标准限值低，当达到 120 $\mu g/m^3$ 时系统将报警，智慧工地云平台与智慧工地 App 实时接收报警，施工现场绿色施工专职管理人员就此将会采取相应的应对措施。

2) 现场降尘自动喷淋系统

现场降尘自动喷淋系统主要由塔吊喷淋和围挡喷淋组成。塔吊喷淋系统通过地面高压水泵将水泵送至塔吊大臂的水平供水管内，由供水管上配置的雾状喷头喷出。塔吊喷淋主要的设备有自动喷淋联动集成配电箱、蓄水筒、高压水泵、喷淋供水管、铜制雾状高压喷头和零星管件等，供水方式采用自来水和地下水分开供水。当地下水较为洁净时，采用地下水补给；当地下水浑浊时，则采用自来水供水。在水箱中设置浮球控制阀门，在喷淋过程中水位标高低于水箱的一半时，自来水开启自动补水。喷头沿着塔吊大臂平均布置，每间隔 2 m 布置一个喷头，一般一台塔吊上布置 23～25 个喷头。围挡喷淋沿着施工现场临时围墙和基坑临边防护配置一圈围挡喷淋系统，主要的设备与塔吊喷淋一致。喷淋系统出水均为喷雾状，水雾能起到有效的降尘效果。

如图 7-12 所示，喷淋系统通过自动化配电箱实现自动喷淋。系统设定上限值和下限值，当检测值达到设定上限值或下限值时自动启闭自控装置。即当颗粒物值达到设定上限时会自动启动喷淋系统的开启，对现场环境进行雾化喷淋降尘措施，并设定喷射时间为 10 min，如果降到下限值则停止喷射，否则继续，这样就能达到智能自控的目的，施工现场绿色施工专职管理人员可在电脑端查看系统记录数据(图 7-13)。系统设置了自动与手动开启喷淋系统两种方式，并且可以通过联动控制开关箱调节。

(a) 围挡顶部

(b) 围挡内侧

(c) 洗车棚内

图 7-12　现场自动喷淋实景

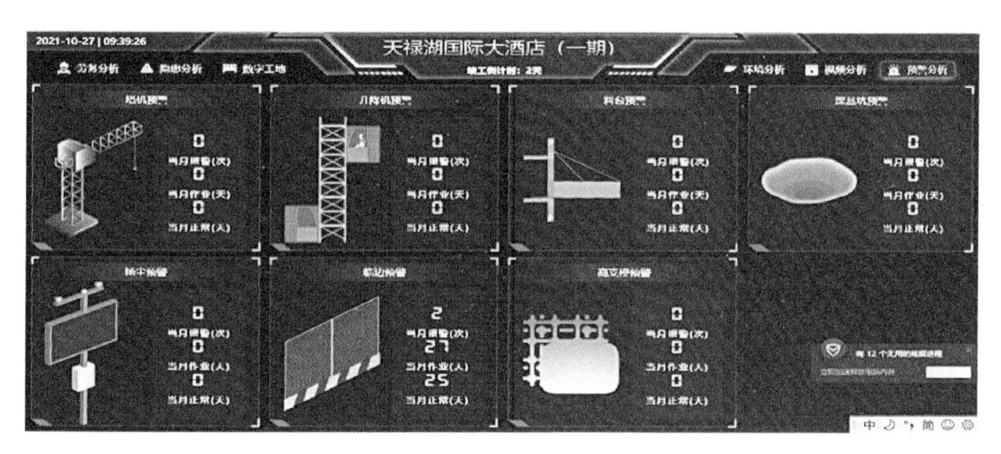

图 7-13　系统电脑端数据显示(截屏)

7.3.4 应用效果分析

根据天禄湖国际大酒店项目施工现场对扬尘噪声监测系统和自喷淋系统实际应用的状况来看，在挖土阶段再配合裸土覆盖、现场环形道路洒水等措施，喷淋系统降尘确实取得了较好的效果。当PM值达到设定的上限时自动启动雾炮系统，对现场环境进行雾化喷淋降尘措施；当PM值达到设定的下限值时自动关闭喷淋系统，达到控制扬尘的目的。但降尘效果以及扬尘噪声监测设备指数受外部条件制约比较严重。当施工现场所在区域整个空气质量较差，或者交通繁忙时段，各项指数均上升明显，并且此时的自喷淋系统的降尘显示出来的效果较差。

7.4 洞口临边防护自动监测系统

7.4.1 应用背景

根据住建部统计数据显示，2018年全年全国房屋市政工程发生安全事故734起，死亡840人，其中高空坠落事故占比超过一半，为52.2%，显而易见，高处坠落事故的发生占建筑施工安全事故总数的1/2以上。为保证广大作业人员的人身安全，临边防护已成为安全管理工作的重点，且已广泛采用工具化、定型化的防护设施。

由于现场人员流动性大，机械设备施工多，常导致防护被移动或损坏，若不及时发现，极易造成重大安全隐患。因此开发应用洞口临边防护自动监测系统，能够实现在防护被移动或损坏时，系统会第一时间通知管理人员，便于有关人员及时赶到现场查明原因并恢复设施，从而避免或减少高空坠落事故的发生，具有非常现实意义。

7.4.2 关键技术分析

“智慧工地平台”对临边防护能够做到损坏缺失报警，同时能够将报警即时传送到相关整改人，并精确定位位置，在相关人员处理结束后解除报警。系统能够实现对防护缺失损坏的报警，也能够实现对人员靠近临边洞口时的预警，通过报警和预警相结合的方式来提高临边防护的安全性能。

7.4.3 系统功能实现

如图7-14所示，现场临边洞口防护、安全通道、加工棚等均采用工具化定型化防护栏杆，既美观，又可以重复使用。对防护栏杆采用感应传感器，在栏杆发生形变和位移时，洞口临边防护自动监测系统将发出警报(图 7-15)。施工现场临边防护网的状态实时监测采用物联网技术，内置 GPS 定位、声光报警装置，当防护网遭到破坏时可实时报警。

图 7-14　工具化定型化防护栏杆实景

(a) 现场监测点

(b) 监测系统的电脑端显示(截屏)

图 7-15　洞口临边防护自动监测系统

7.4.4　应用效果分析

现场临边洞口均采用工具化定型化的防护栏，安装牢固，而且美观。通过在临边防护上配置报警器装置，在防护栏杆遭到破坏时，及时发出报警信号并传送给相关负责人，且通过报警器的编号对现场位置予以定位，整改人可以及时确定位置予以整改，在整改完成后消除报警，这极大地提高了临边防护的可靠性程度，效果显著。

7.5 塔式起重机安全智能管理系统

7.5.1 应用背景

复杂钢结构建设工程施工存在管理难度大、伤亡事故多等特点。危大工程的管控更是建设安全工程管控的核心，防危大工程造成的群死群伤，利用科学手段对危险源进行管控势在必行。塔吊是危大工程的重要管控点之一，从对司机的管控到对塔吊运行状态的管理，将塔吊的管理转化为标准化、系统化、信息化的精细化管理，提高施工的安全指数。

7.5.2 关键技术分析

塔机安全智能管理系统可实现自动监测设备的运行、监测负载性能，达到群塔作业防碰撞与区域保护；吊钩可视化系统可实现大臂前端快速地自动跟钩，实现画面实时呈现至驾驶舱。如图 7-16 所示，塔机安全智能管理系统安装了多种传感器，还可实现多种限位功能、区域保护功能、动态群塔防碰撞、驾驶员身份识别、吊钩自动跟钩，以及复杂钢框架结构施工上的特色应用。

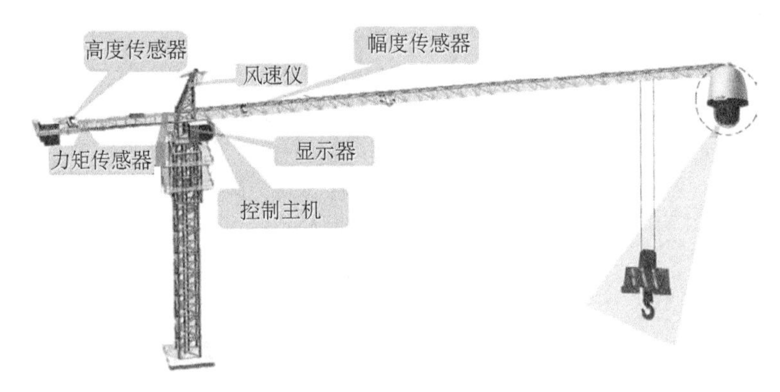

图 7-16 塔机安装各类传感器位置示意图

7.5.3 系统功能实现

如图 7-17 所示，利用传感技术、无线通信技术、大数据云存储技术，组合塔式起重机安全监控管理系统能实时采集当前塔机运行的载重、角度、高度和风速等安全指标数据，传输平台并存储在云数据库。这样，安全监督管理人员相当于在工地的塔机上安装了一对“眼睛”，只要网络覆盖到的地方，无论何时何地，安全监督管理人员不但可以知道每台塔机现在是哪个司机在工作，还能知道每一次起吊的重量、小车走的位置以及升降机操作具体人员、维保具体人员等信息，真正实现对“人的不安全行为”和“物的不安全状态”的提前控防。

图 7-17　塔机安全监控管理系统安装实景

7.5.4　应用效果分析

通过该模块的应用，极大地减少了超载现象，施工人员在系统报警后及时卸载，使重量控制在合理的范围内。在工作过程中，操作人员对每次吊装预制钢结构构件、模板、钢管的数量做到心中有数，这样既杜绝了安全隐患，又提高了生产效率。

7.6　安全体验区应用

天禄湖国际大酒店项目现场安全体验区是实体体验项目。通过仿照现场安全生产环境，针对经常出现的安全事故进行实践演示，建筑工人通过自身的参与了解安全问题的重要性，让安全防护练习更有针对性，让施工人员增强安全意识。如图 7-18 所示，体验项目包括：综合用电体验、安全帽撞击体验、洞口坠落体验、安全带体验、灭火器演示体验和平衡

(a) 灭火器演示体验区

(b) 洞口坠落体验区

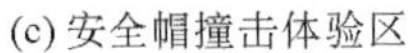
(c) 安全帽撞击体验区

(d) 安全带使用体验区

图 7-18　安全体验区实景

术体验，覆盖了施工现场常见的安全隐患场景，让安全教育不再是“纸上谈兵”，告别单一的说教，让施工人员体验并了解安全的重要性，达到良好的安全生产教育目的。

第8章 星级大酒店BIM技术应用实践与研究

8.1 技术应用背景

BIM技术作为国际工程界公认的建筑产业革命性技术，在国家政策的大力引导和推动下，BIM技术已经广泛应用于建设项目的设计、施工、竣工验收以及运维管理的过程中。

天禄湖国际大酒店位于医药高新区（高港区）鼓楼南路以西、天禄湖公园东南、三桥路以北，承建单位为泰州华信药业投资有限公司的子公司泰州华康投资有限公司，项目总建筑面积约65 928 m^2，总投资约8亿元。工程结构形式基础为筏板基础，地下结构采用框架结构体系（钢柱＋混凝土柱，部分为钢骨混凝土柱），地上部分全部采用钢结构体系，外墙为弧形玻璃幕墙和弧形铝板幕墙组合的混合式幕墙。项目为综合配套服务楼，包含住宿、餐饮、康养和会议接待等功能。该项目地下空间开挖规模大，地质条件复杂；结构主体钢结构节点复杂，施工工序多；外立面采用玻璃幕墙，由于天禄湖国际大酒店建筑平面由三个圆环形建筑组成，因此，外立面幕墙安装时对幕墙板块的形状和尺寸精度要求很高。鉴于该项目存在诸多的施工难点，同时对项目造价和工期进度的控制要求很高，因此项目建设方充分利用BIM技术的可视化、协调性、模拟性、优化性和可出图性的特点，在项目的设计、施工、运维各个阶段推动BIM技术的应用，为项目的顺利实施创造了有利条件。

8.2 BIM技术在设计阶段的应用

BIM通过软件建立构件三维模型，实现可视化设计，这种可视化能够实现构件之间的互动性和反馈性。BIM的三维可视化设计不但能够展示建筑的设计方案和设计效果，而且业主与设计方、施工方的沟通、讨论、决策都可以在可视化状态下进行，大大提高了工作效率。此外，BIM除了能够帮助设计师更好地展现设计思想外，相比传统的二维设计方法，BIM还具有异常丰富的信息，这些信息包括构件的几何信息、材料信息、物理力学性能信息和供应商信息等，这种模型不但能够展现某一专业的设计成果，而且能够综合所有专业的设计成果。天禄湖国际大酒店项目由于主体规模大，房间功能布局、流线设计、消防疏散相当复杂，对设计师提出了巨大的挑战，同时也为BIM在设计方面的应用提供了背景。

8.2.1 管线综合碰撞分析与净高分析

目前，BIM在管线综合碰撞分析与建筑的净高分析方面的应用较为成熟。在传统施工中，平立剖之间、建筑图和结构图之间、安装与土建之间及安装与安装之间的冲突问题数不胜数，随着建筑构造越来越复杂，这些问题会带来很多严重的后果；此外，建筑师在设计时无法全面考虑建筑、结构与安装之间的关系，一旦建筑物存在净空不足的“先天”缺陷，后期的整改必然会给项目造成巨大的损失。通过BIM的集成模型可以发现设计中的碰撞冲突，对建筑的净空进行精准分析，在施工前快速、全面、准确地检查出设计图纸中的错误、遗漏及各专业间的碰撞等问题，能够大大提高设计质量，减少施工中的返工，节约成本，缩短工期，降低风险。

天禄湖国际大酒店项目作为高标准、高品质的五星级酒店，同时具有理疗、养生功能，具有异常复杂的给排水、暖通、空调、消防和电气系统，主要系统的管道及桥架均布置在地下室，因此利用BIM技术重点对地下室进行了碰撞检测与净高分析。基本思路如下：

(1) 利用REVIT、TEKLA软件构建天禄湖大酒店的建筑、结构、管线等专业的BIM，如图8-1～图8-4所示。

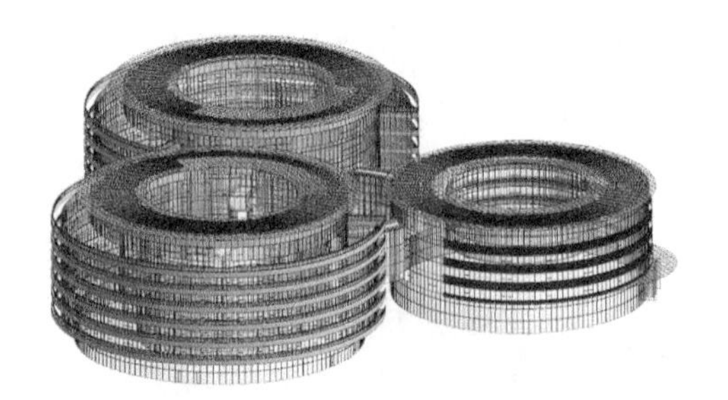

图8-1 天禄湖国际大酒店建筑模型

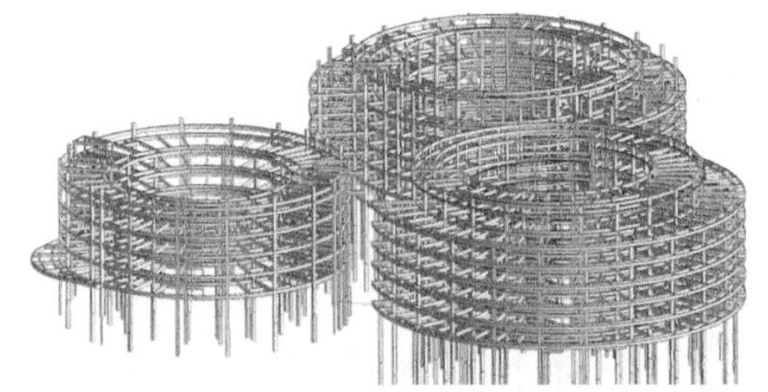

图8-2 天禄湖国际大酒店Tekla钢结构模型

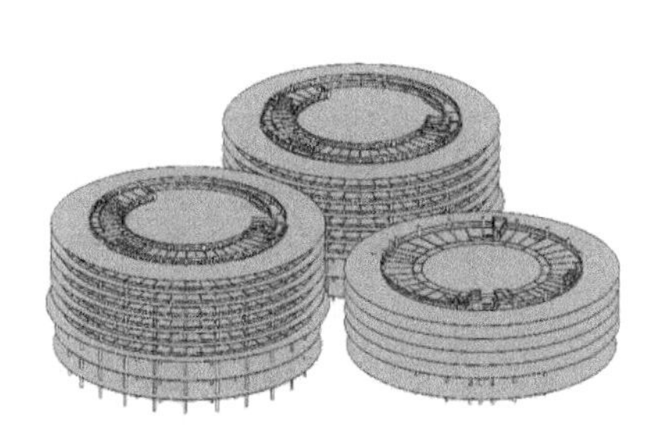

图 8-3　天禄湖国际大酒店结构模型

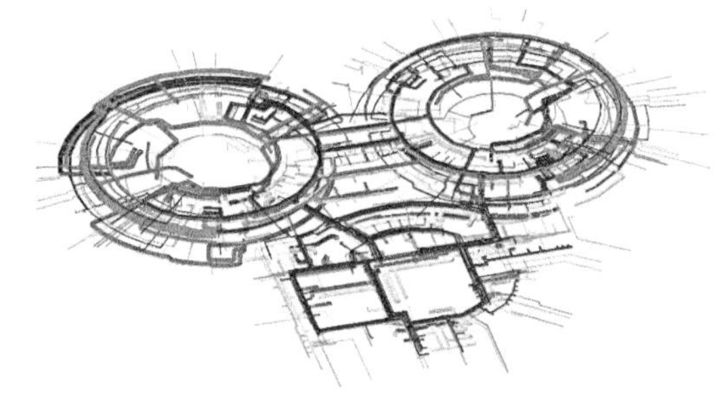

图 8-4　天禄湖国际大酒店管线模型

(2) 利用 Naviswork 软件，将各专业模型进行综合，得到了天禄湖大酒店的综合 BIM，如图 8-5 所示。

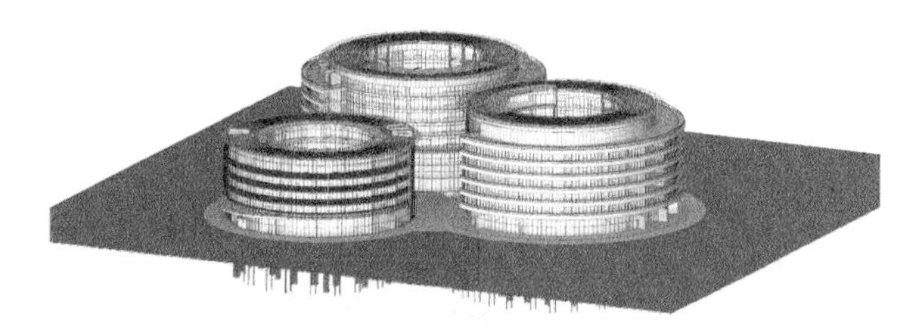

图 8-5　天禄湖国际大酒店管线模型

(3) 利用 Naviswork 软件，设置相应的规则，对综合模型地下室部分进行净高分析和碰撞检测，分析结果如图 8-6～图 8-8 所示。

通过 BIM 的净高分析，可以清晰表明地下室各部分净高满足情况，地下室的大部分都能够满足净高的要求，个别部分存在净高不足的情况(图 8-6、图 8-7 中深黑色部分)，解决了该部分存在的设计高度问题；碰撞检测结果见图 8-8，图中以列表的形式给出了设计中存在的各专业碰撞、冲突部位，并且给出了解决的建议，在施工前及时处理，避免了施工后由于管线冲突带来的停工、返工问题，节约了建设资金。

8.2.2　消防疏散模拟

天禄湖国际大酒店项目融合了酒店餐饮、娱乐养生于一体，建筑结构复杂，人员密度高，排烟散热性比较差，同时酒店建筑面积大，也为人员疏散带来一定的难度。一旦发生火灾不能及时疏散的话，极易造成重大的人员伤亡和财产损失。

有鉴于此，该项目中利用 Pathfinder 软件，模拟人员疏散情况，并且评估逃生风险。人员疏散情况模拟详见图 8-9～图 8-12。

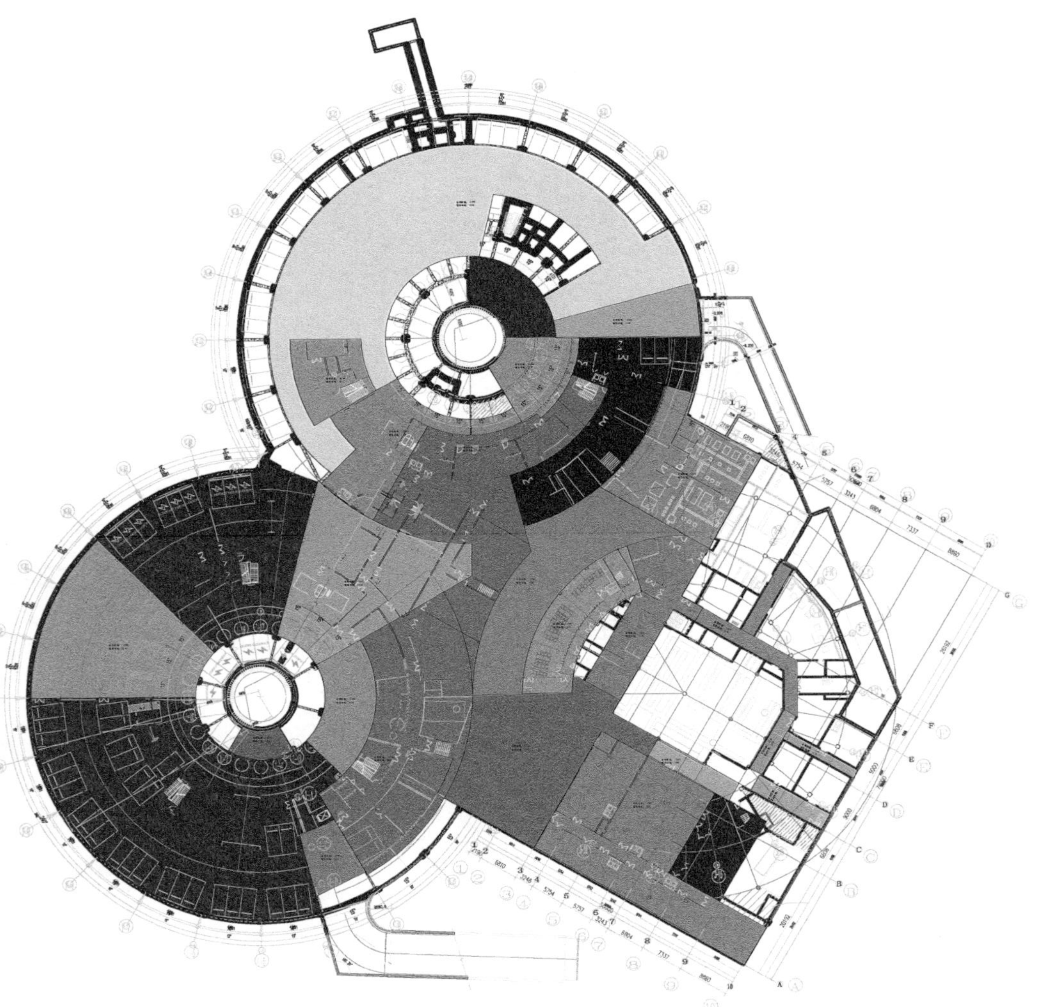

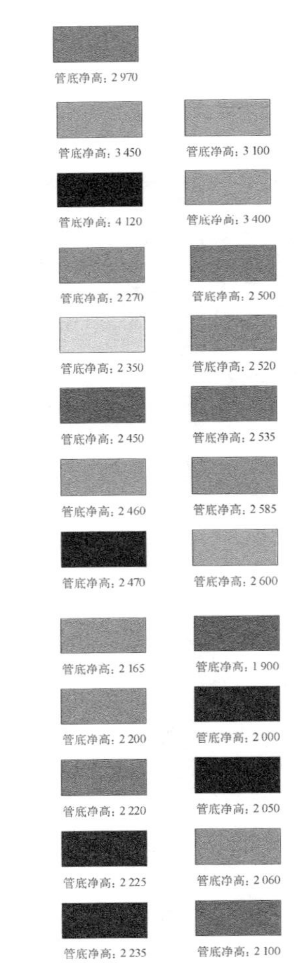

图 8-6　天禄湖国际大酒店负 1 层净高分析结果

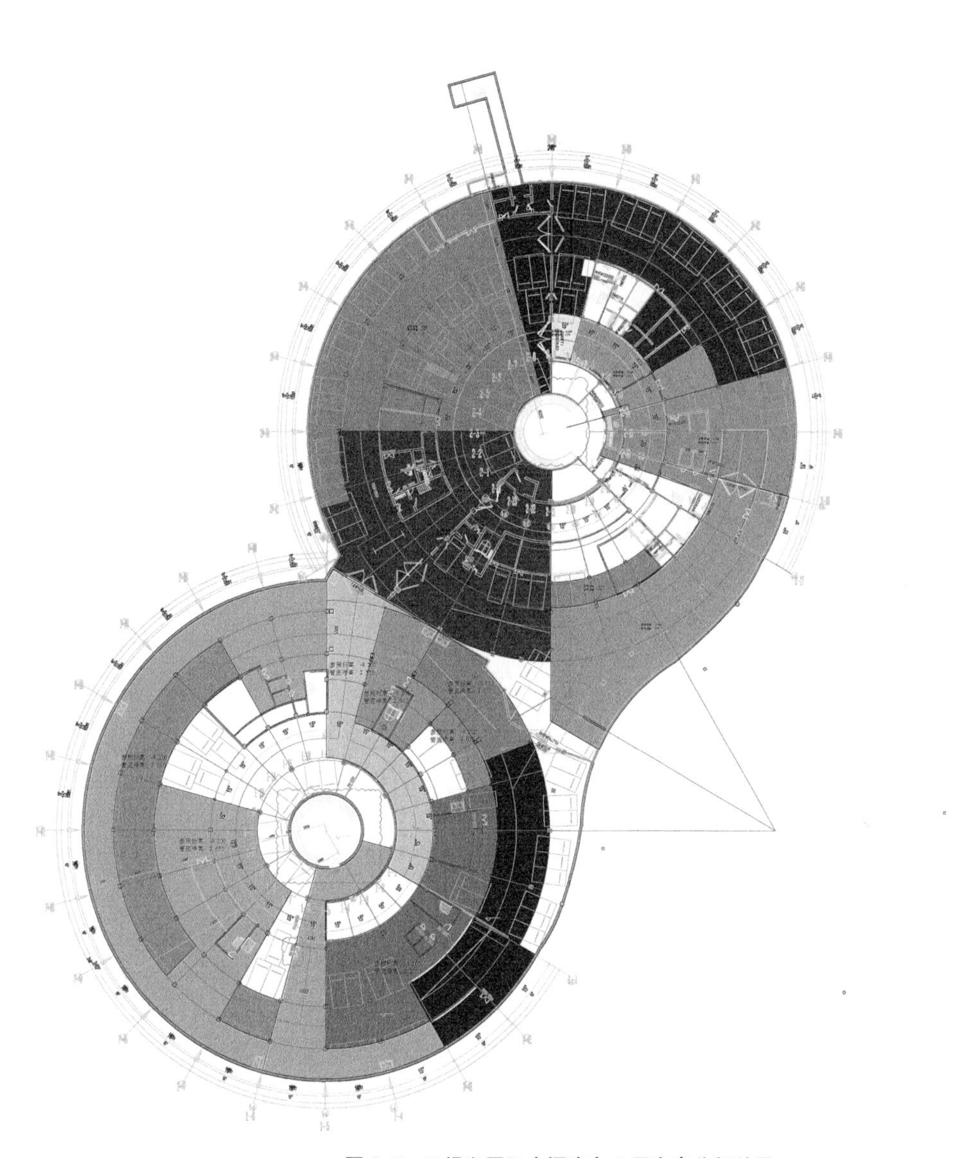

图 8-7　天禄湖国际大酒店负 2 层净高分析结果

序号	检查ID	检查构件类型	碰撞ID	碰撞构件类型	碰撞点楼层	碰撞轴网位置	碰撞点坐标
7	4108603	电缆桥架：SR弱电桥架【含模.rvt】	4108545	风管管件：矩形弯头-弧形-法兰2 0.8w【含模.rvt】	(-8.2建筑~-1F)		(-254.728186605, -339.786649608, -21.450932328)
8	4519742	电缆桥架：强电-CT【含模.rvt】	4520792	电缆桥架：强电-SR【含模.rvt】	(-1F~1F)		(125.134751837, -258.909247388, -3.863320210)
9	4519751	电缆桥架：强电-CT【含模.rvt】	4520168	电缆桥架配件：槽式电缆桥架水平三通 强电-SR【含模.rvt】	(-1F~1F)		(116.997606895, -239.847514417, -3.444881890)
10	4519751	电缆桥架：强电-CT【含模.rvt】	4520170	电缆桥架：强电-SR【含模.rvt】	(-1F~1F)		(116.260088544, -240.883778244, -3.444881890)
11	4519793	电缆桥架：强电-CT【含模.rvt】	4522148	电缆桥架：弱电-消防防火线槽【含模.rvt】	(-1F~1F)		(-145.300174249, -342.307823567, -3.116797900)
12	4519793	电缆桥架：强电-CT【含模.rvt】	4522535	管道：自动喷水灭火系统125 mm【含模.rvt】	(-1F~1F)		(-145.000843623, -343.436695771, -3.166010499)
13	4519794	电缆桥架：强电-CT【含模.rvt】	4516251	管道：污水重力流150 mm【含模.rvt】	(-1F~1F)		(-141.948647780, -336.298381338, -3.149606299)
14	4519796	电缆桥架：强电-CT【含模.rvt】	4522218	电缆桥架：弱电-广播防火线槽【含模.rvt】	(-1F~1F)		(-90.715977525, -281.962962307, -2.953740172)
15	4519811	电缆桥架：强电-CT【含模.rvt】	4516761	管道：消火栓系统65 mm【含模.rvt】	(-1F~1F)		(44.047294630, -152.976189812, -4.351539834)
16	4519817	电缆桥架：强电-CT【含模.rvt】	4520332	电缆桥架配件：槽式电缆桥架水平三通 强电-CT【含模.rvt】	(-1F~1F)		(25.523220285, -82.740499897, -3.116797900)
17	4520207	电缆桥架：强电-CT【含模.rvt】	4520300	电缆桥架：强电-CT【含模.rvt】	(-1F~1F)		(-0.960302330, -121.164104045, -2.427827757)
18	4520285	电缆桥架：强电-CT【含模.rvt】	4519844	电缆桥架配件：槽式电缆桥架水平三通 强电-SR【含模.rvt】	(-1F~1F)		(9.101442392, -285.091538280, -3.605526996)
19	4520285	电缆桥架：强电-CT【含模.rvt】	4519859	电缆桥架：强电-SR【含模.rvt】	(-1F~1F)		(9.735691888, -285.543698564, -3.605526996)
20	4520289	电缆桥架：强电-CT【含模.rvt】	4519927	电缆桥架：强电-SR【含模.rvt】	(-1F~1F)		(-33.714366706, -297.353789426, -3.441485001)
21	4520289	电缆桥架：强电-CT【含模.rvt】	4520266	电缆桥架配件：槽式电缆桥架水平三通 强电-SR【含模.rvt】	(-1F~1F)		(-33.197517164, -296.583971512, -3.441485001)
22	4520289	电缆桥架：强电-CT【含模.rvt】	4520271	电缆桥架配件：槽式电缆桥架异径接头 强电-SR【含模.rvt】	(-1F~1F)		(-33.506849673, -296.997592591, -3.441485001)
23	4520621	电缆桥架：强电-CT【含模.rvt】	4527441	电缆桥架：强电-CT【含模.rvt】	(-1F~1F)		(34.034727727, -154.616150969, -4.265091864)
24	4521338	电缆桥架：强电-CT【含模.rvt】	4521301	管道：消火栓系统150 mm【含模.rvt】	(-1F~1F)		(-24.310553446, -252.137799065, -5.085953684)
25	4521338	电缆桥架：强电-CT【含模.rvt】	4521319	管道：消火栓系统150 mm【含模.rvt】	(-1F~1F)		(-24.977752818, -252.137799065, -5.905398217)
26	4521338	电缆桥架：强电-CT【含模.rvt】	4528263	管件：HW-弯头-卡箍 镀锌钢【含模.rvt】	(-1F~1F)		(-24.569539142, -251.878860710, -5.437176261)
27	4521368	电缆桥架：强电-CT【含模.rvt】	4521371	电缆桥架配件：槽式电缆桥架水平弯通 强电-CT【含模.rvt】	(-1F~1F)		(-18.770625006, -253.244124964, -4.429133858)
28	4521566	电缆桥架：强电-CT【含模.rvt】	4523292	电缆桥架：强电-SR【含模.rvt】	(-1F~1F)		(-192.827534776, -175.161358780, -3.535164595)
29	4521566	电缆桥架：强电-CT【含模.rvt】	4523295	电缆桥架配件：槽式电缆桥架水平弯通 强电-SR【含模.rvt】	(-1F~1F)		(-192.967129734, -174.687855588, -3.535165559)
30	4521759	电缆桥架：强电-CT【含模.rvt】	4522174	电缆桥架：强电-SR【含模.rvt】	(-1F~1F)		(-102.284695638, -311.131418906, -4.101056210)
31	4521937	电缆桥架：强电-CT【含模.rvt】	4522100	电缆桥架：强电-CT【含模.rvt】	(-1F~1F)		(-81.866463518, -253.097534249, -6.889861143)
32	4521939	电缆桥架：强电-CT【含模.rvt】	4520243	电缆桥架：弱电-广播防火线槽【含模.rvt】	(-1F~1F)		(-43.281273057, -250.144845658, -6.889763780)
33	4521943	电缆桥架：强电-CT【含模.rvt】	4520242	电缆桥架：弱电-消防防火线槽【含模.rvt】	(-1F~1F)		(-43.281273057, -250.144828873, -6.070988149)
34	4522170	电缆桥架：强电-CT【含模.rvt】	4522172	电缆桥架配件：槽式电缆桥架水平弯通 强电-CT【含模.rvt】	(-1F~1F)		(-139.751584121, -179.287808819, -4.347112860)
35	4522170	电缆桥架：强电-CT【含模.rvt】	4523188	电缆桥架：强电-CT【含模.rvt】	(-1F~1F)		(-140.671622453, -179.117377261, -4.347112860)
36	4522515	电缆桥架：强电-CT【含模.rvt】	4522148	电缆桥架：弱电-消防防火线槽【含模.rvt】	(-1F~1F)		(-145.484144722, -341.604942569, -3.116797900)
37	4522879	电缆桥架：强电-CT【含模.rvt】	4522882	电缆桥架：强电-CT【含模.rvt】	(-1F~1F)		(-86.888502105, -253.097534249, -4.757217846)
38	4523116	电缆桥架：强电-CT【含模.rvt】	4523119	电缆桥架配件：槽式电缆桥架水平三通 强电-CT【含模.rvt】	(-1F~1F)		(-116.011398393, -193.034204895, -4.822834646)
39	4523188	电缆桥架：强电-CT【含模.rvt】	4523193	电缆桥架：强电-CT【含模.rvt】	(-1F~1F)		(-142.036651475, -178.583959954, -4.523925254)
40	4523188	电缆桥架：强电-CT【含模.rvt】	4523194	电缆桥架配件：槽式电缆桥架垂直等径上弯通 强电-CT【含模.rvt】	(-1F~1F)		(-141.395239385, -178.793655443, -4.396577574)
41	4523188	电缆桥架：强电-CT【含模.rvt】	4523195	电缆桥架配件：槽式电缆桥架垂直等径下弯通 强电-CT【含模.rvt】	(-1F~1F)		(-142.435553961, -178.408403936, -4.571175717)
42	4523193	电缆桥架：强电-CT【含模.rvt】	4522186	电缆桥架：强电-SR【含模.rvt】	(-1F~1F)		(-141.823610153, -177.668641369, -4.172312073)
43	4523196	电缆桥架：强电-CT【含模.rvt】	4523198	电缆桥架：强电-CT【含模.rvt】	(-1F~1F)		(-143.339850839, -172.837250309, -4.757155291)
44	4523198	电缆桥架：强电-CT【含模.rvt】	4523042	管道：消火栓系统150 mm【含模.rvt】	(-1F~1F)		(-143.383125237, -172.954169403, -4.063894488)
45	4523198	电缆桥架：强电-CT【含模.rvt】	4523975	管件：HW-弯头-卡箍 镀锌钢【含模.rvt】	(-1F~1F)		(-144.282041420, -173.017195304, -4.014805224)
46	4523270	电缆桥架：强电-CT【含模.rvt】	4523269	电缆桥架配件：槽式电缆桥架水平弯通 强电-CT【含模.rvt】	(-1F~1F)		(-150.922644112, -173.986593813, -3.079725666)
47	4523270	电缆桥架：强电-CT【含模.rvt】	4523272	电缆桥架配件：槽式电缆桥架垂直等径上弯通 强电-CT【含模.rvt】	(-1F~1F)		(-150.922644112, -173.986593813, -3.079725666)
48	4526771	电缆桥架：强电-CT【含模.rvt】	4520332	电缆桥架配件：槽式电缆桥架水平三通 强电-CT【含模.rvt】	(-1F~1F)		(24.745250830, -84.683705559, -3.116806128)
49	4527848	电缆桥架：强电-CT【含模.rvt】	4521370	电缆桥架配件：槽式电缆桥架水平弯通 强电-CT【含模.rvt】	(-1F~1F)		(-16.702484412, -252.941539545, -4.429133858)
50	4527928	电缆桥架：强电-CT【含模.rvt】	4527929	电缆桥架配件：槽式电缆桥架垂直等径上弯通 强电-CT【含模.rvt】	(-1F~1F)		(-10.916354485, -327.367004044, -4.345400396)
51	4527928	电缆桥架：强电-CT【含模.rvt】	4527930	电缆桥架配件：槽式电缆桥架垂直等径下弯通 强电-CT【含模.rvt】	(-1F~1F)		(-10.916354485, -327.367904044, -4.345409396)
52	4519859	电缆桥架：强电-SR【含模.rvt】	4528128	电缆桥架：弱电-SR【含模.rvt】	(-1F~1F)		(10.786488420, -286.153598528, -3.605526996)
53	4519868	电缆桥架：强电-SR【含模.rvt】	4520326	电缆桥架配件：槽式电缆桥架水平弯通 强电-SR【含模.rvt】	(-1F~1F)		(20.594868624, -79.433480928, -3.116797900)
54	4519872	电缆桥架：强电-SR【含模.rvt】	4522189	电缆桥架：弱电-消防防火线槽【含模.rvt】	(-1F~1F)		(-87.835714470, -284.447202767, -3.016235239)
55	4519872	电缆桥架：强电-SR【含模.rvt】	4522230	管道：自动喷水灭火系统125 mm【含模.rvt】	(-1F~1F)		(-87.359596726, -284.825432209, -3.051181102)
56	4519873	电缆桥架：强电-SR【含模.rvt】	4522203	电缆桥架：弱电-SR【含模.rvt】	(-1F~1F)		(-89.970706508, -284.174409422, -2.948049346)
57	4519873	电缆桥架：强电-SR【含模.rvt】	4522218	电缆桥架：弱电-广播防火线槽【含模.rvt】	(-1F~1F)		(-91.086813667, -283.896132653, -2.953740172)
58	4519896	电缆桥架：强电-SR【含模.rvt】	4523115	电缆桥架：强电-SR【含模.rvt】	(-1F~1F)		(-81.437157757, -135.989484613, -3.116906075)
59	4520184	电缆桥架：强电-SR【含模.rvt】	4528215	管件：弯头-PVC 标准【含模.rvt】	(-1F~1F)		(38.053257436, -232.246452044, -3.579068241)
60	4520187	电缆桥架：强电-SR【含模.rvt】	4518133	风管：排风风管 1000x800【含模.rvt】	(-1F~1F)		(47.248531315, -245.652857644, -3.690944882)
61	4520191	电缆桥架：强电-SR【含模.rvt】	4519936	电缆桥架：弱电-SR【含模.rvt】	(-1F~1F)		(73.399772863, -174.247815790, -3.526902887)
62	4520208	电缆桥架：强电-SR【含模.rvt】	4525406	电缆桥架：强电-SR【含模.rvt】	(-1F~1F)		(-2.572510259, -124.020935651, -3.280910011)
63	4520217	电缆桥架：强电-SR【含模.rvt】	4527447	电缆桥架：强电-SR【含模.rvt】	(-1F~1F)		(35.773494290, -158.179402615, -4.954068241)

图 8-8　天禄湖国际大酒店碰撞检测结果分析

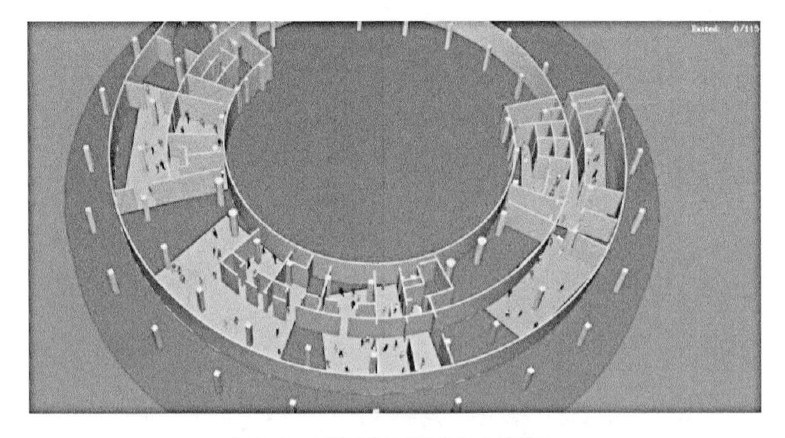

图 8-9　初始疏散时酒店内人流情况

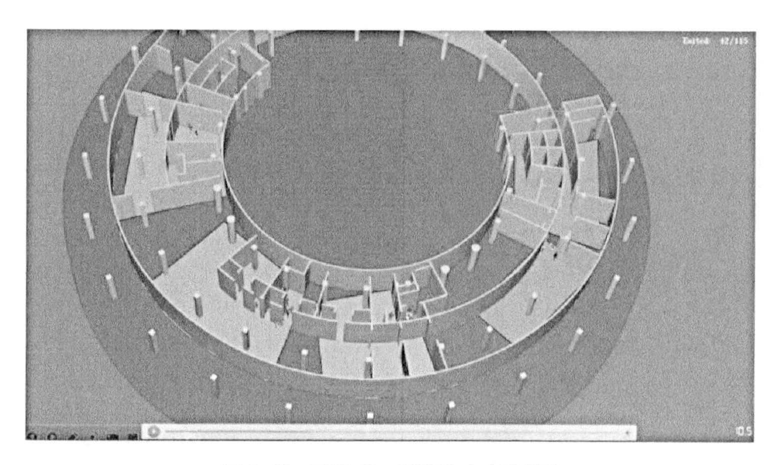

图 8-10　疏散 10 s 后酒店内人流情况

图 8-11　疏散 20 s 后酒店内人流情况

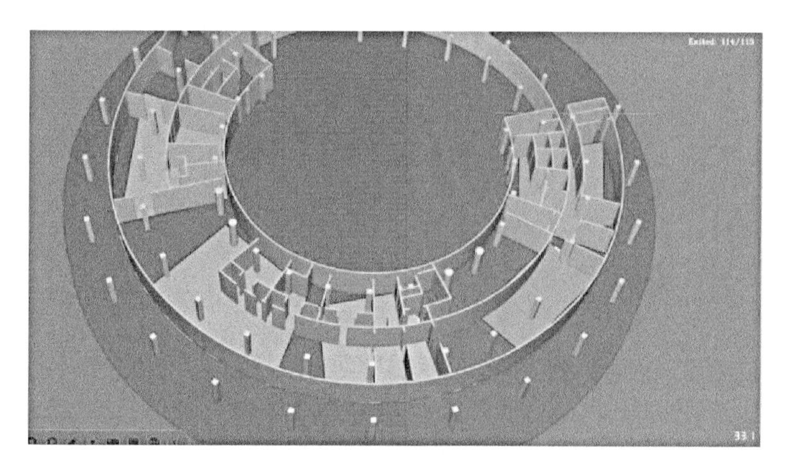

图 8-12　疏散 33 s 后酒店内人流情况

利用 pathfinder 软件对项目单层进行了消防疏散模拟，模拟结果表明单层消防疏散时间预计在 33 s 左右，加上紧急疏散通道时间，预计在 60 s 内完成疏散。酒店疏散路线的设计满足要求。

8.3 BIM 技术在施工阶段的应用

天禄湖国际大酒店建设项目参与方众多，建设周期比较长，除了面临工程建设过程中的技术问题，还需要进行各专业大量的协调工作。随着工程规模越来越大，传统的施工管理必然会产生进度计划不合理、各专业协调不足、沟通不畅等问题，从而造成工期延长，资源浪费，增加了建设成本，因此必须采用更高效的方法，提高施工管理技术水平。利用 BIM 技术具可视化、协调性、模拟性的特点，在施工管理过程中，建立以 BIM 应用为载体的项目管理信息化，对施工中重要的施工工艺流程、资源配置进行可视化模拟，能够提前预估建设过程中可能出现的问题，选择最优解决方案，可以提升项目生产效率、提高建筑质量、缩短工期、降低建造成本。天禄湖国际大酒店项目在以下 3 个方面对 BIM 进行了实践。

8.3.1 场地布置

为了保证施工能够有序顺利进行，施工前必须要做好施工场地的布置工作。施工场地布置需要考虑的内容主要有：项目施工用地范围内的地形状况，拟建建筑物和其他基础设施在施工范围内的具体位置，项目施工用地范围内的加工、运输、存储、供电、供水供热、排水排污设施，临时施工道路和办公、生活用房以及相邻的地上、地下既有建筑物和相关环境。采用传统方法进行场地布置时无法体现施工的动态发展过程，采用 BIM 技术可以充分利用 BIM 的三维属性，提前查看场地布置的效果，并且能够随着施工的进行展现场地布置的动态发展情况；能够准确得到施工场地范围内的道路、水电、通信线路的布置情况；同时能够充分体现塔吊布置情况以及塔吊与建筑物的三维空间位置，保证安全的施工距离。天禄湖大酒店的场地布置情况详见图 8-13～图 8-15。

8.3.2 地下维护工程绿色建造技术模拟

天禄湖国际大酒店主体结构为三个圆弧形结构，其地下室外墙也为圆弧形。为了加快工期，保证支护质量，地下维护结构通常采用钢板桩进行支护。拉森钢板桩具有性能优良、结构安全，施工简便、速度快捷的特点，同时拉森钢板桩采用预制构件，实现了绿色施工，这

图 8-13　主体完工后的场地布置

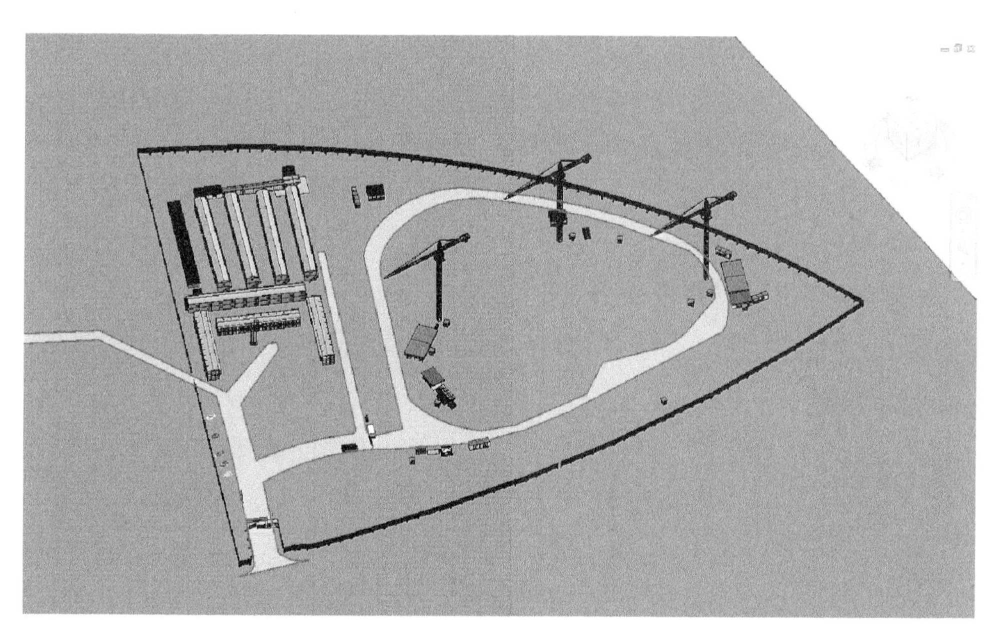

图 8-14　施工初期塔吊及道路布置情况

图 8-15　办公及临时用房的布置情况

些预制构件可以拔出后多次重复使用，绿色低碳，有利于实现绿色施工，顺应建筑业实现“双碳”目标。因此，该地下维护结构采用拉森钢板桩的支护形式。该建筑的地下室外墙为圆弧形，这种建筑形式造型美观，但是给拉森钢板桩的施工带来了一定的困难：①拉森钢板桩对钢板的尺寸精度要求很高，采用传统方法设计下料时，一方面弧形的存在往往使得钢板加工不合格率较高，造成材料浪费；另一方面钢板尺寸精度不足，也容易造成基坑渗透漏水现象，影响施工安全。②由于天禄湖国际大酒店项目工程规模大，施工过程中产生的其他问题难以全面考虑，因此采用 BIM 技术模拟拉森钢板桩的施工过程，既能全面体现拉森钢板桩的施工工艺流程，又能精确给出钢板的下料尺寸，大大节省了材料消耗，减少了由于其他因素造成的工程停工、返工，实现了绿色施工。BIM 模拟拉森钢板桩施工过程如图 8-16～图 8-22 所示。

图 8-16　场地放线

图 8-17　场地平整

图 8-18　钢板桩吊装

图 8-19　钢板桩压桩施工

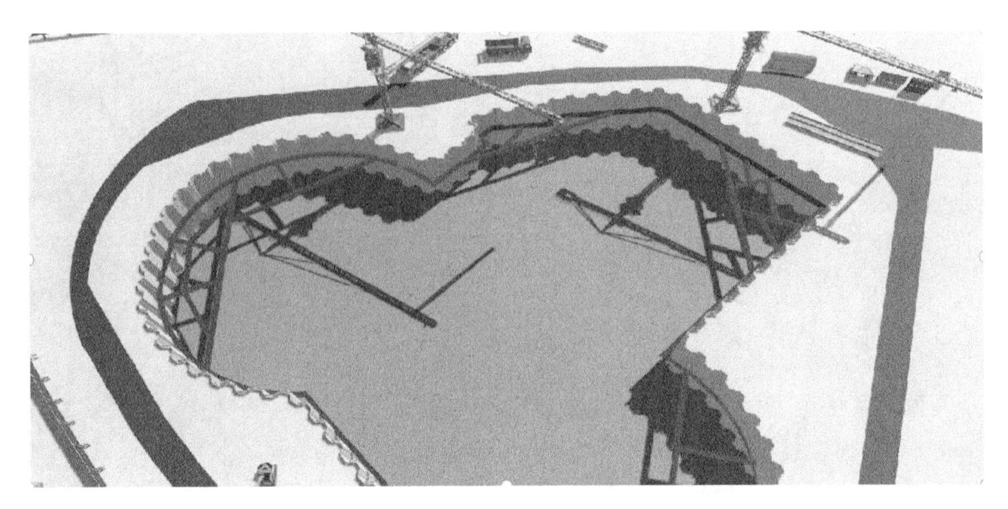

图 8-20 挖土及支撑系统施工

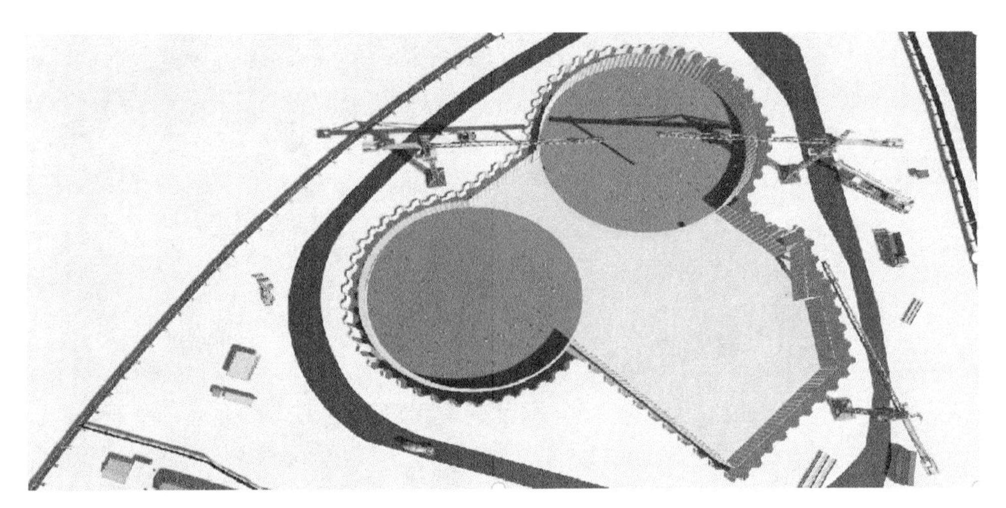

图 8-21 基坑回填

图 8-22 钢板桩拔除

利用 BIM 技术对地下围护结构的施工过程进行模拟，能够提前判断施工工序是否合理，同时与工程实际进度进行比较，能够判断工程的进展情况以及施工质量，从而实现对工程质量和进度控制的管理目标，具体应用情况详见图 8-23～图 8-26。

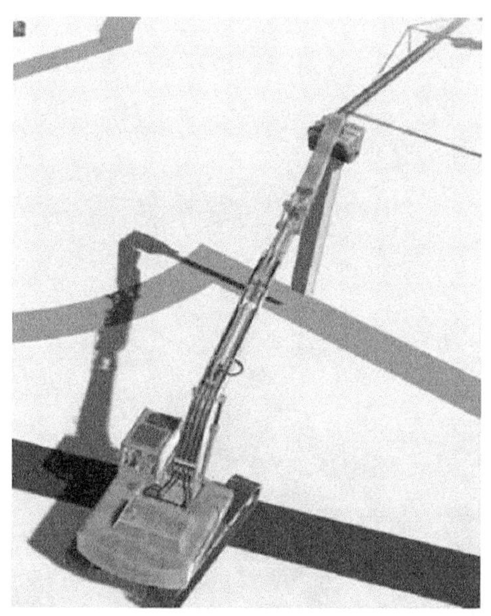

(a) BIM模拟

(b) 现场实景

图 8-23　复杂深基坑钢板桩围护 BIM 模拟优化与实际施工对比

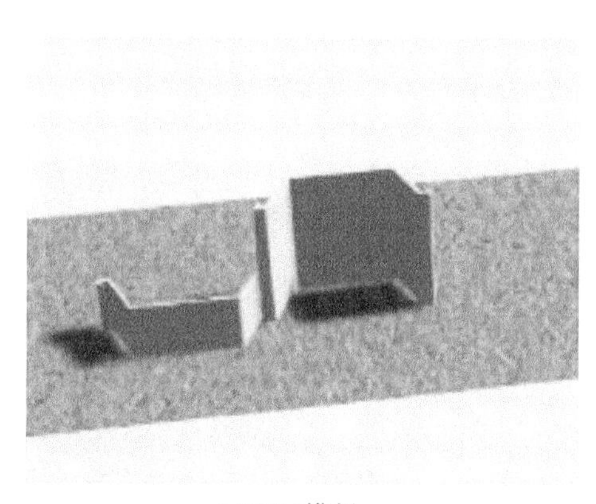

(a) BIM模拟

(b) 现场实景

图 8-24　弧形钢板桩节点连接 BIM 模拟指导现实施工

(a) BIM模拟

(b) 现场实景

图 8-25　土方工程 BIM-4D 模拟优化与指导施工

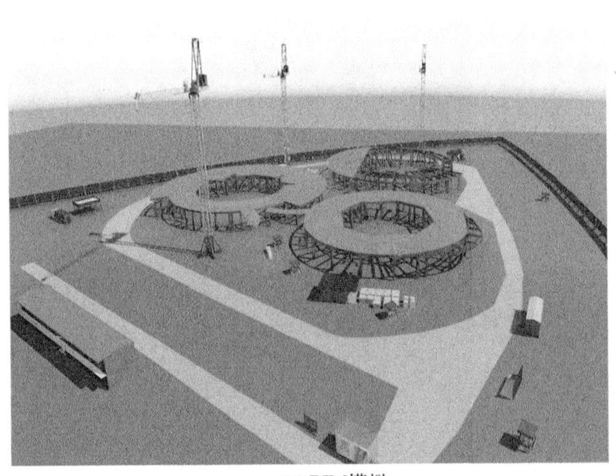

(a) BIM模拟

(b) 现场实景

图 8-26　地下结构 BIM-4D 模拟优化与指导施工

8.3.3　交通流线及吊装模拟

施工场地内的道路流线布置对工程的顺利施工十分重要。施工场地内的交通流线一般为解决各工区之间及生产、生活区的人员交通，料物、设备的储存、中转和集散，以及场内消防、救护和小搬运等需要，根据不同运量、运输强度、交通工具和使用时间等因素选择不同技术标准和材料、结构。合理组织场地内各种交通流线，避免不同性质的人流、车流之间的相互交叉、干扰，同时也能避免材料的二次搬运，大大提高施工效率。传统的场地流线分析存在诸如定量分析不足、主观因素过重、无法处理大量数据信息等弊端，通过 BIM 结合地理信息系统(GIS)，对场地及拟建的建筑物空间数据进行建模，能迅速得出令人信服的分析结果，帮助项目在规划阶段评估场地的使用条件和特点，从而做出新建项目最理想的场地规划、交通流线组织关系等关键决策。天禄湖大酒店的施工场地的交通流线模拟如图 8-27 所示。

图 8-27　施工场地交通流线及吊装布置图

图 8-28　BIM 模拟钢结构吊装过程

天禄湖国际大酒店主体结构为三个圆弧形钢结构，钢结构具有综合性能好、工期短、造价低等技术优势，与其他类型的结构相比，钢结构体积小、重量轻，便于运输、拆卸和安装，性能相对稳定。长期与外界环境接触后，很难改变其物理水平，具有较高的安全性和可靠性。同时，钢结构具有很强的刚度和塑性，特别是抗外冲击能力，在一定程度上可以提高建筑工程的抗震性能。钢结构生产周期一般较短，生产速度较快，生产效率较高、精度较高。以满足技术要求为前提，重视钢结构的吊装施工，可以保证施工质量，保护施工人员的安全。制订钢结构吊装施工方案时，要全面考虑钢结构吊装顺序、钢结构吊装位置，其中机械的选择以及吊车的回转半径等因素，在对传统的钢结构吊装时，工程师往往依靠丰富的经验来制订吊装方案，但是对于复杂钢结构工程，构件种类繁多，构件尺寸大，施工工序复杂，仅仅依靠工程师的经验难免存在错、漏的情况。采用 BIM 技术对钢结构吊装过程进行仿真模拟，能够真实再现钢结构施工的全过程，选择合适的起重机械，能够真实展示吊点位置、起重机械的回转半径、构件的吊装顺序，进而能够制订合理的吊装方案，保证施工质量，保证施工安全。天禄湖国际大酒店钢结构吊装的 BIM 模拟详见图 8-28。

8.3.4 钢结构深化设计及施工模拟

天禄湖国际大酒店钢结构的施工难度大，施工工艺复杂，传统的施工管理方式存在着较大的缺陷。在钢结构施工过程中，采用了 BIM 技术，合理有效地控制了施工精度和施工质量。在钢结构施工中，BIM 技术的应用目前主要集中在深化设计和施工模拟方面。

钢结构的深化设计质量直接影响到钢结构的顺利施工和工程投资。天禄湖酒店项目钢结构构件复杂，数量众多，采用传统的设计方法设计效率低，而且构件尺寸容易出错，直接影响钢构件的后期制作以及施工。BIM 技术主要是通过对三维参数化模型赋予几何、材料、进度及价格等相关信息，在出图过程中对信息进行整合，自动生成设计详图和准确的材料信息报表；同时参数化建模可以保证在模型发生变动时，图纸和报表也能自动更新，极大提高了出图效率和报表准确性。此外利用 BIM 的可视化，能够直观生动地展示复杂节点的三维安装效果，为施工人员提供可视化的交底，大大减少了因二维施工图纸读图困难带来的错误。经过深化设计的构件尺寸可以直接导入切割设备，克服了手工输入带来的误差，大大提高了构件加工的精度和加工效率。BIM 模拟的梁柱节点施工如图 8-29 所示。

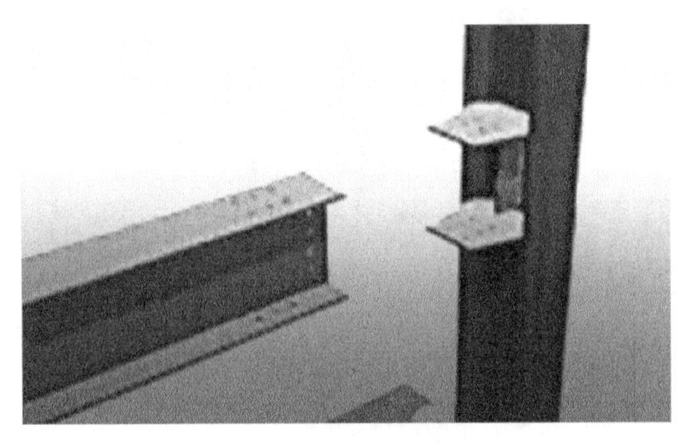

图 8-29 BIM 模拟钢结构梁柱节点安装

传统的建造流程是以图表和文字形式展现，但由于二维表达的局限性导致了无法准确、详细地表达，在施工过程中，施工人员还需在脑海中将二维平面图纸转化为三维立体模型，这种方式很容易出现理解偏差，造成返工和工期拖延。此外，传统的二维图纸也无法清楚表达施工顺序、工序衔接等建造流程问题，无法满足实际应用需求，并存在很大的成本、安全、进度等隐患。BIM 技术的出现为解决上述瓶颈问题提供了可行性，BIM 技术虚拟建造功能能将图纸建造流程的平面表达转换为 3D 动态表达，提前将施工现场实际操作顺序进行模拟，清晰直观地展示项目建造过程，这样展示不仅直观清晰，更避免了将来施工过程中可能出现的失误，极大提高了施工质量，并能使观看流程展示的作业人员快速了解施工程序，减少后期技术交底时间，提高施工效率；此外，在 BIM 中结合时间进度，能够实现对实际施工的实时管控，通过将按照时间进度虚拟仿真与实际情况进行对比，能够清晰反映工程是否符预期的进度计划，另外结合已完成的工作量，能够实时地对工程造价进行有效控制。天禄湖国际大酒店项目的虚拟建造过程详见图 8-30～图 8-34。

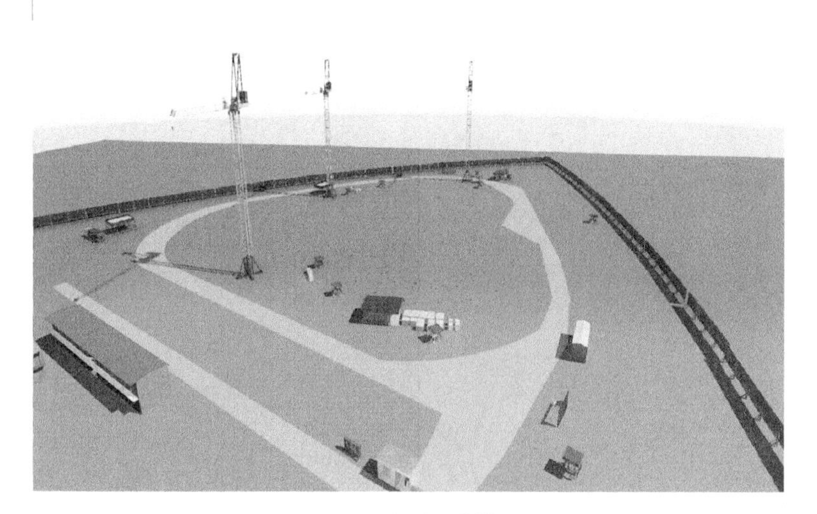

图 8-30　场地平整模拟

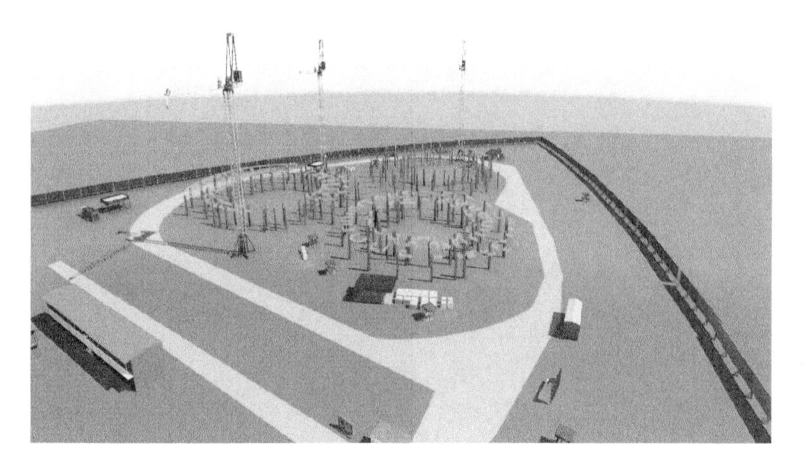

图 8-31　地下室施工模拟

图 8-32　地面首层施工

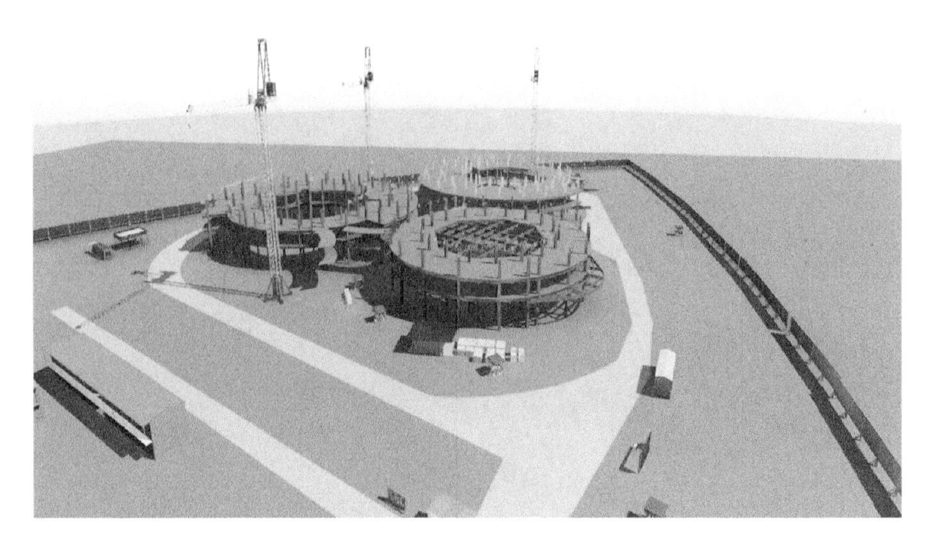

图 8-33　地面主体部分的施工部署

图 8-34　主体结构封顶

8.4 BIM 技术在运维阶段的应用

目前,BIM 技术已经在建筑结构的全寿命周期内都得到了应用。一般而言,建筑工程全寿命周期分为前期策划、设计、施工、运维与报废拆除几个阶段,其中运行与维护占据了绝大部分时间。酒店筹建完成后,如何实现盈利和降低运营成本成为最主要的目标。从成本角度来看,运行维护阶段占有很大比重。研究表明:在建筑全生命周期中,80%的成本发生在运维阶段，因此提高酒店的运营管理水平，构建智慧酒店的管理系统成为提高酒店管理效率的关键。智慧酒店旨在以 BIM 为基础，构建运营、管理、服务一体化的酒店管理新模式，提供安全、便捷、舒适的入住环境，基于综合平台标准化、规范化的管理模式，提升服务质量，增加工作效率，解决管理水平低、管理水平参差不齐的问题。BIM 技术在酒店运维管理中的具体应用主要包括：空间管理、设施管理、隐蔽工程管理、应急管理以及节能减排管理等。

8.4.1　空间管理

酒店利用 BIM 能够有效实现空间管控。利用 BIM 建立可视化三维模型，集成各系统和设备空间的位置信息，直观形象而且便于规划、管理。利用 BIM 可以对现有空间进行规划分析，优化使用，大大提高工作场所利用率。如酒店装修时，可快速获取不能拆除的管线、承重墙等建筑构件的相关属性；酒店在引入新的设备时，可以利用 BIM 查看、判断酒店空间是否满足新设备的要求，合理规划新设备的位置。

8.4.2　设施设备管理

设备设施管理主要包括设备设施的使用、维修和维护操作。利用 BIM 结合物联网云技术，将使酒店具有一定的“思考能力”，酒店的设备设施也变得更加“听话”，实现对设备设施的智能化管理。结合条码、二维码和射频技术，合理制订公共设备、设施维护保养计划，保障设备的正常运行。例如对设备的管理，可以通过 BIM 查看设备在三维建筑中的位置信息，结合设备条码或二维码射频标签，在设备运维管理中，维保人员可以利用移动设备进行扫描，快速高效地读取设备维保信息，巡查设备的使用状态和维修、保养记录历史台账以及备件信息等，并将巡查结果通过网络传回系统进行数据的更新，根据模型信息合理制订设施设备的维护保养计划，对设施设备提前做好维护保养工作，如图 8-35 所示。电梯是建筑中最重要的交通设备。传统的电梯会根据使用者随用随走，无法对电梯使用情况进行预测，可能在高峰期出现无梯可用的情况，影响使用效率。采用“智慧电梯”可以改变这种情况，提高建筑垂直交通的出行效率。利用摄像头感应装置，实时监测楼层中的人流情况，通过物联网、移动无线网络，将监测信息及时上传到云端服务器，通过人工智能对人流运动的方向进行分析预测，根据分析结果进行智能派梯，所有人都能最轻松快速地到达想去的楼层，智慧电梯管理如图 8-36 所示。

8.4.3　隐蔽工程管理

建筑在正常运行时，还有许多“看不见”的设施在发挥重要作用，如污水管、排水管、网

图 8-35 酒店设备实施管理示意图

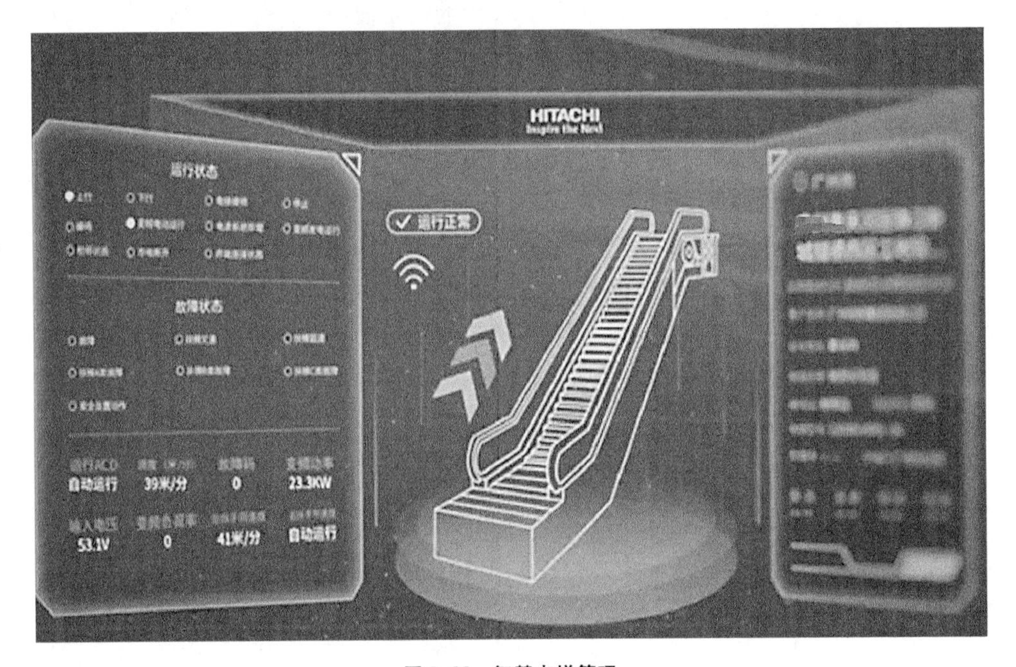

图 8-36 智慧电梯管理

线、电线以及相关管井等，而为了建筑的美观以及对这些设施的保护，建筑在竣工后，这些设施往往会被永久隐藏起来，而成为隐蔽工程，这是建筑不可缺少的重要组成部分。当建筑的用途发生改变，或者重新进行装修时，这些隐蔽工程往往会成为障碍。基于 BIM 技术的运维可以高效地管理隐蔽工程，利用 BIM 可以获取隐蔽工程准确的相对位置，同时可以查询其详细信息(图 8-37)。当改建或二次装修的时候可以避开现有管网位置，便于管网维修、更换设备和定位。内部相关人员可以共享这些电子信息，有变化可随时调整，保证信息的完整性和准确性。

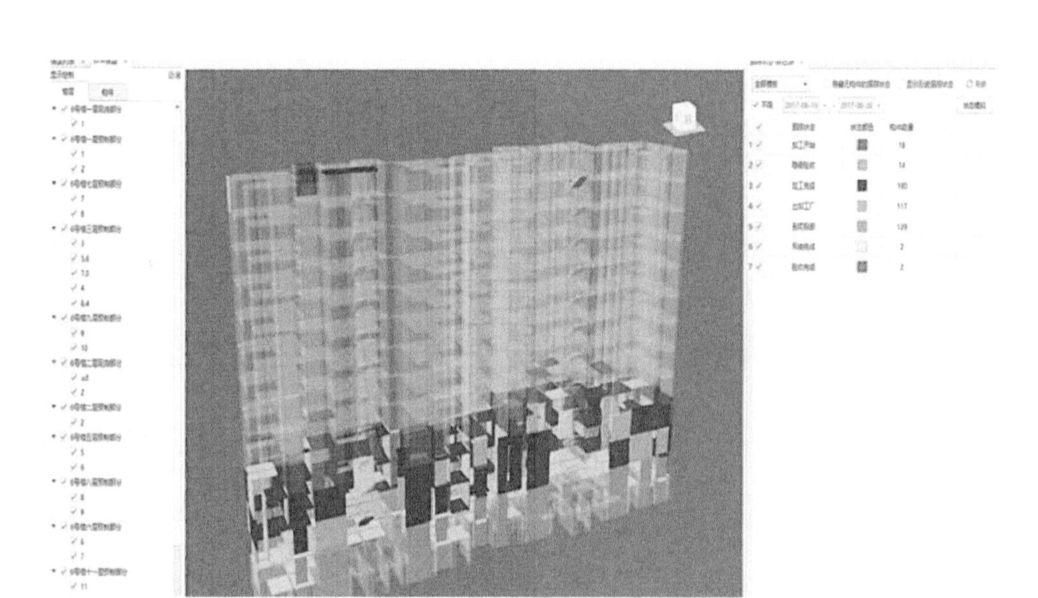

图 8-37　BIM 隐蔽工程管理

8.4.4　应急管理

作为人流密集的大型公共建筑，天禄湖国际大酒店在未来使用时，必须具备应对突发事件的响应能力。传统的突发事件处理仅仅关注响应和救援，而通过 BIM 技术能够实现对突发事件的预防、警报和处理（图 8-38）。如把现有的安防监控系统纳入 BIM 中，更加直观地观察每个监控的所在位置，并通过监控对各类人员进行动态观察，对可疑人员进行有效

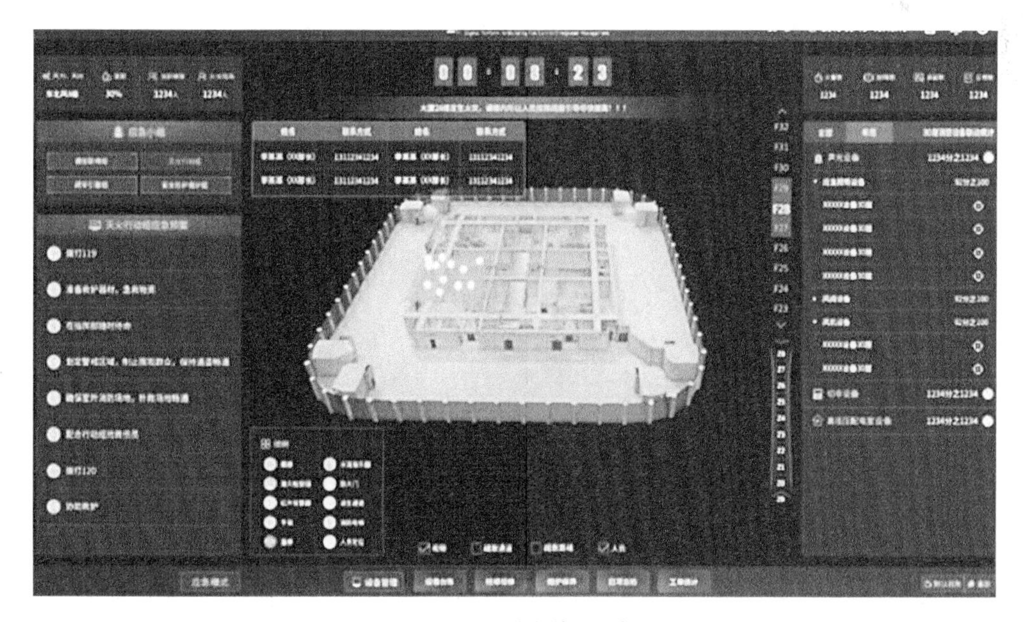

图 8-38　BIM 应急管理示意图

的监测和威慑，对突发事件能及时发现并快速到达现场处置，使整体安保工作的水平有了质的提高，同时，有利于管理者对安保人员的巡视状况进行管理。电梯系统与监控和 BIM 的动态结合，能快速地定位某部电梯的故障和人员被困情况，及时排除安全隐患，解决问题。将水箱水位和水泵传感器通过监控装置进行连接，在可视化模型中能实时观察设备的运行情况，及时发现故障进行处理；电气系统中的电力故障在 BIM 中能够精确显示；对火灾等灾害能够及时进行应对，一旦发生火灾等突发情况，一方面迅速启动报警系统，开启喷淋等灭火装置；另一方面 BIM 根据起火点的位置，及时开启防火墙，阻断火灾传播，迅速规划疏散路径，并及时通过屏显通知人群，减少人员伤亡损失。

8.4.5 节能减排管理

当前我国建筑运维期能源消耗量巨大，能耗管理却相对落后，目前主要针对单体建筑的耗能量进行监测和统计，无法支持准确的用能诊断和精细的能耗管理，更难以实现用能优化和节能控制。基于 BIM，引入云、大数据等新技术，实现建筑运维期能耗管理的数字化和智能化，可从根本上改变当前能耗管理的现状。

如图 8-39 所示，BIM 可以全面了解建筑能耗水平，积累建筑物内所有设备用能的相关数据，将能耗按照树状能耗模型进行分解，从时间、分项等不同维度剖析建筑能耗及费用，还可以对不同分项进行分析，并进行能耗分析和建筑运行的节能优化，从而促使建筑在平稳运行时达到最小能耗。BIM 还通过与互联网云计算等相关技术相结合，将传感器与控制器连接起来，对建筑物能耗进行诊断和分析，当形成数据统计报告后可自动管控室内空调系统、照明系统、消防系统等所有用能系统，达到最智能化的节能管理。

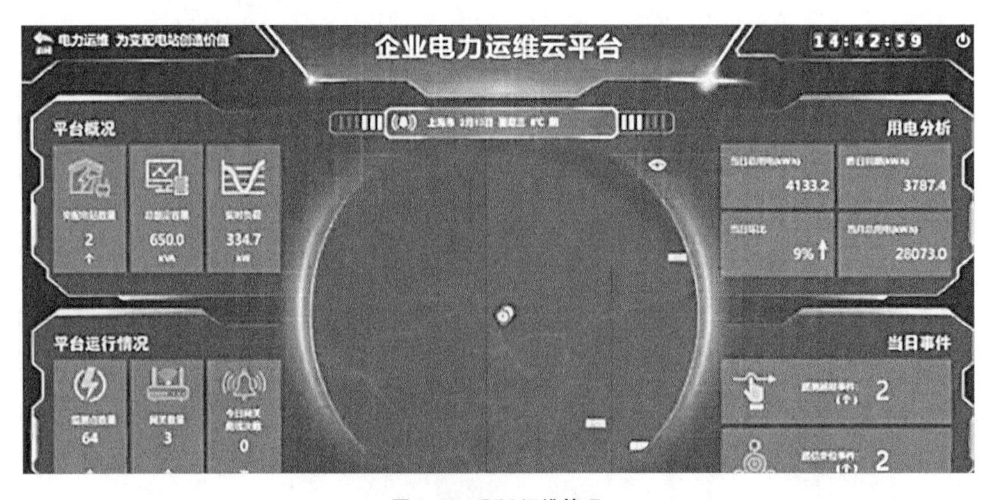

图 8-39　BIM 运维管理

(1) 用电量监测：基于 BIM 技术通过安装具有传感功能的电表后，在管理系统中可以及时收集所有能源信息，并且通过开放的能源管理功能模块，对能源消耗情况进行自动统计分析，比如利用监控设备自动监测每一楼层的人员数，根据实际需求自动进行照明调节，实施精准用电，节约电能消耗。

（2）用水量监测：通过与水表进行通信，BIM 运维平台可以清楚显示建筑内水网位置信息的同时，更能对水平衡进行有效判断。通过对整体管网数据的分析，可以迅速找到渗漏点，及时维修，减少浪费。

（3）温度监测：BIM 运维平台可以获取建筑中每个温度测点的相关信息数据，同样，还可以在建筑中接入湿度、二氧化碳浓度、光照度和空气洁净度等信息。温度分布页面将公共区域的温度测点用不同颜色的小球直观展示，通过调整观测的温度范围，可将温度偏高或偏低的测点筛选出来，进一步查看该测点的历史变化曲线，室内环境温度分布尽收眼底。

物业管理者还可以调整观察温度范围，把温度偏高或偏低的测点找出来，再结合空调系统和通风系统进行调整。基于 BIM 可对空调送出水温、空风量、风温及末端设备的送风温湿度、房间温度、湿度均匀性等参数进行相应调整，方便运行策略研究、节约能源。

（4）通风管理：机械通风系统通过与 BIM 技术相融合，可以在 3D 基础上更为清晰直观地反映每台设备、每条管路、每个阀门的情况。根据应用系统的特点分级、分层次，可以使用其整体空间信息，或是聚焦在某个楼层或平面局部，也可以利用某些设备信息，进行有针对性的分析。

管理人员通过 BIM 运维界面的渲染可以清楚地了解系统风量和水量的平衡情况，各个出风口的开启状况。特别当与环境温度相结合时，可以根据现场情况直接进行风量、水量调节，从而达到调整效果实时可见。在运行管路维修时，物业人员也无须为复杂的管路发愁，BIM 系统能清楚地标明各条管路的情况，为维修提供了极大的便利。

第 9 章

星级大酒店室内装饰设计技术研究

9.1 酒店室内设计原理与技巧

随着疫情结束，旅游业的复苏呈快速回升态势，我国的酒店行业也进入了突飞猛进的发展阶段。除了中、低端的经济型酒店以外，大型高端的国际连锁酒店，以及个性鲜明的主题酒店、民宿等也大量涌现。酒店业能否可持续发展，除了品牌、服务的竞争，管理的效率以及酒店档次以外，酒店的室内外环境设计也成为人们选择酒店的一个重要因素。

9.1.1 酒店设计技巧

酒店的设计是在满足经营需求和自身定位的基础上，按照相应的规定与规划，结合周边环境，对酒店空间进行合理的规划与设计。一个风格独特的酒店装修设计样式，也可以成为酒店的卖点，让酒店变得更加有吸引力。进行酒店设计的时候，也需要遵循一些设计的技巧，这样才能够有更好的设计效果，打造一个风格独特的酒店。

1）以人为本

这是设计的根本出发点，关心人的身心健康，关注人的全面需求。如图 9-1 所示设计范例，在设计中要观察人们的实际需求，引导人们的体验向积极的方向发展，打造出符合消费者需求的舒适空间，满足消费者内心期待，把握空间设计的节奏、韵律、比例和色彩，创造出符合人们审美心理的室内空间，营造符合人文心理需求的空间，提供文化体验和认同感。

2）绿色生态

酒店建筑不仅要提供舒适的旅居环境，而且需要让客人在酒店中感到温馨惬意。因

图 9-1　酒店的以人为本

此，设计者需要注意打造酒店内部的绿色空间，同时提高酒店的环保效果。例如设计者可以在单体设计中采用中庭设计，并设置竖向绿化（图 9-2）。这样既有助调节酒店内部微气候，也丰富了客人的酒店体验，令客人犹如置身大自然当中；也可以在酒店顶层和露台设计露天花园，并在花园中种植各种绿色植物。这样既起到屋顶隔热的作用，改善了酒店空气质量，又可以利用其美观效果，实现酒店建筑和环境的相互融合。

图 9-2　酒店的绿色生态

3）多元化元素

为了满足顾客的需求，酒店设计必须多样化，要能体现酒店设计的整体主题。尤其要注意酒店整体的大方向控制，酒店的各种功能用房很多，空间类型多种多样，在整体装修设计中，既要满足每个空间的功能要求，又要满足空间的个性化需求（图 9-3）。只有体现多元化，才能满足顾客要求，给顾客不同的视觉享受，更好地体验酒店生活。

4）高科技使用

随着科学技术的高速发展，酒店设计中对高科技产品的需求也在日益加大，科技也给我们的生活带来更多便捷，酒店设计中采用更多的高科技设施（图 9-4），将使用户的体验感得到提升。

图 9-3 酒店的多元化

图 9-4 酒店的高科技

9.1.2 酒店设计原理

当前的酒店已经不仅仅局限于提供餐饮、住宿的功能。随着经济的快速发展，人民物质生活水平的日益提高，酒店作为商业化的空间，越来越发挥着更多的作用。在传统的餐饮、住宿功能基础上，高级酒店还提供了娱乐、购物、商务中心、宴会以及会议中心的功能。因此，酒店在室内设计过程中需要全面考虑各个要素。

1）酒店的色彩要素

色彩是渲染氛围的最直接要素。色彩除对视觉环境产生影响外，还会直接影响人们的情绪、心理。设计过程中的科学用色有利于维持良好的环境氛围，有助于身心健康。色彩处理得当既能符合功能要求又能取得美的效果(图 9-5)。室内色彩除了必须遵守一般的色彩规律外，还随着时代审美观的变化而有所不同。

图 9-5　酒店的色彩要素

2）酒店的流线设计

酒店的流线从水平到竖向，共分为四大系统，分别是：客人流线、服务流线、物品流线和情报信息流线。如图 9-6 所示设计范例，流线设计时应遵循以下基本原则：客人流线要独立于其他流线之外，客人流线与其他流线不能交叉，客人流线的设计应该简洁明了，不能产生疑惑的感觉；服务流线追求效率，要简洁高效；物品流线应独立高效，以提高物品运输效率；信息流线则应保证情报信息传递快而准确。

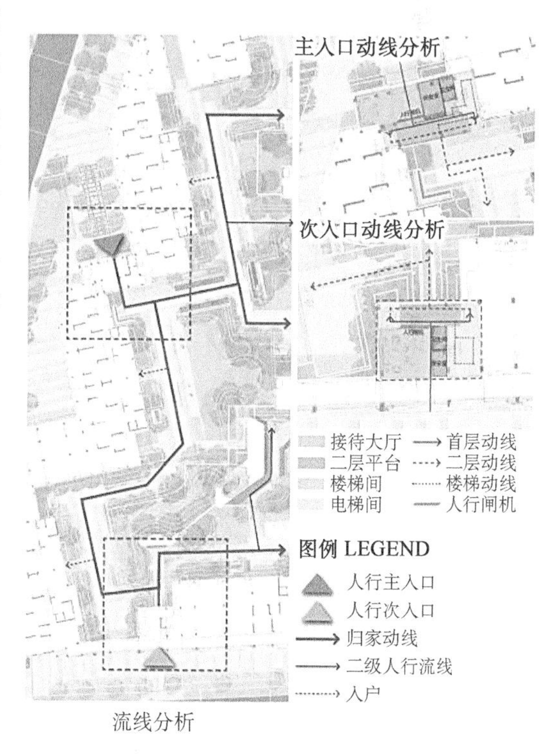

图 9-6　酒店的流线设计范例

3）酒店的设计布局

布局设计是酒店设计的基础，也是酒店设计中的重要环节之一，严谨合理的功能布局决定着酒店各功能空间的面积和形态，对整个酒店空间的三大界面以及地面铺装设计、顶面天花设计、灯光照明设计等都具有十分重要的指导意义。对于高级酒店的设计布局，需要考虑以下 6 个方面。

（1）风格选择与设计标准：在酒店的装修服务过程中，要形成一定的风格，如高端大气、时尚简约、连锁式品牌风格等，同时要有全面考虑和综合设计。

（2）亮点特色的组合与展示：根据市场调研和分析，总结出自己的设计风格，可以与当地文化结合或者突出自己的主题特色，如度假酒店的设计可以创造一个亮点。

(3) 满足经营需要：在服务于经营的实践中，要保证装修品质与实用性，结合个性的标准，找到经营性定位的要点，突显实用性设计的基本原则。

(4) 空间处理艺术：酒店是让人放松及休息的场所，从美学角度上来说，和谐是令人达到愉悦效果的最佳途径。因此，无论是主题的选择还是色彩的搭配，都要考虑当地消费者对于主题、色彩、空间尺度比例协调等元素的接受程度，最大程度上使整个空间呈现统一和谐。

(5) 合理的功能布局和最佳的流程设计：这是一家酒店盈利的基石。作业场所空间的物理因素，包括温度、通风、湿度、声音、光线和色彩等，都会影响宾客和员工的心理、情绪和健康，要合理利用自然风、自然光，减少人工空气和光的投入，采用生态环保材料，减少废弃物产生，实现资源合理利用。

(6) 安全疏散路线和消防设计：为了确保宾客和员工的人身安全，酒店应规定安全疏散路线和消防设计，设置消防设备，并定期进行维护和检查。

综上所述，高级酒店设计布局需要考虑多个方面，从风格选择到空间处理艺术，从合理的功能布局到安全疏散路线和消防设计，都需要精心规划和设计，以提供舒适、安全、环保和具有吸引力的住宿体验。

4) 酒店的环境心理

酒店的心理环境设计是指室内设计应以人为中心，为人而设计，酒店设计应符合人的心理需求。人的心理需求是指室内设计风格、造型特点、室内色彩、陈设和家具的设计要符合不同民族、不同文化的人的心理感受。酒店设计师应利用先进的科学技术，充分发挥艺术才智，创造出既能满足人的物质、精神生活需要，又能最大限度地调动人的生理、心理的积极因素。这就需要酒店设计师在理解室内空间构成的基础上，运用个性化的艺术语言，去深化和发展设计的立意和构思，利用各种新技术、新材料，创造出既丰富多彩而又极具个性的室内环境。

9.2 酒店大堂和前台设计

9.2.1 酒店大堂和前台的特点

在五星级酒店中，前台和大堂是一座酒店的重要组成部分，其地位和作用至关重要。前台和大堂是联系客人和酒店之间的重要纽带，是客人入住酒店时首先接触的地方，也是客人遇到问题时第一个求助的地方。在这里，客人可以完成入住登记、退房结算、兑换外币、转达信息和贵重品保存等各项服务。前台和大堂的工作效率、服务质量和服务态度直接影响到客人的入住体验和酒店形象。此外，前台和大堂也是酒店管理和运营的重要窗口。在这里，酒店管理机构可以收集客人反馈信息和投诉，及时发现和解决问题，提高服务质量和管理水平。同时，前台和大堂也是酒店销售和营销的重要平台，可以向客人介绍酒店各项服务和活动，促进客人参与和消费。高级酒店大堂和前台的室内设计理念应该体现出酒店的豪华、高端和品质，同时要展现出酒店的特色和品牌形象。酒店大堂和前台室内设计特点主要体现以下 5 个方面：

(1) 酒店大堂和前台室内空间的处理，要体现出宽敞、明亮、舒适和豪华的氛围。例如，采用高挑的天花板、大块的玻璃窗和宽敞的休息区等设计元素。

(2) 酒店大堂和前台室内设计的色彩搭配需要考虑到整体风格的协调性，同时要避免使用过于复杂或过于沉闷的颜色。

(3) 酒店大堂和前台室内设计需要充分利用光线来营造出明亮、通透、温暖的氛围。例如，采用自然光和人工光源相结合的方式，以突出空间的层次感和温馨感。

(4) 酒店大堂和前台室内设计需要采用一些隔断来营造出不同的功能区域，同时要考虑到空间的通透感和连续性。例如，采用玻璃幕墙、屏风、博古架等隔断元素，既能起到分隔空间的作用，又能保持空间的透亮感。

(5) 酒店大堂和前台室内设计需要选择高质量的材质来突出豪华、高贵的感觉。例如，采用大理石、花岗岩、玉石等高档材质，以及精致的地毯、窗帘等软装元素。

酒店大堂和前台室内设计需要考虑空间处理、色彩搭配、装饰元素、光线利用、隔断应用和材质选择等方面，以营造出整体风格的协调性、舒适感、豪华感和高贵感。

9.2.2　酒店大堂的设计要素

酒店大堂和前台的室内设计一般要考虑以下因素。

1) 空间布局

如图 9-7 所示，大堂和前台是酒店客人进出的主要区域，应该给客人留下宽敞、明亮的印象。因此，在设计时应该充分考虑空间布局，合理利用空间，避免过于拥挤和局促。同时，要注意大堂和前台与其他区域的联系和过渡，保持空间的连贯性和流畅性。另外，为了满足客人的休闲需求，可以在大堂和前台设置休息区、咖啡厅等区域，提供多样化的服务。

图 9-7　高级酒店的大堂和前台布局

2）装饰风格

如图 9-8 所示，高级酒店大堂和前台的装饰风格应该体现出酒店的豪华、高端和品质。可以选择使用高档材料、精致的工艺和现代化的设计元素来装饰空间。例如，可以使用大理石、水晶吊灯、高档地毯等材料来营造出一种豪华、高端的氛围。同时，也可以运用当地的文化元素、艺术作品等来展现酒店的独特性和品牌形象。

图 9-8　高级酒店大堂和前台的装饰风格

3）灯光设计

如图 9-9 所示，灯光设计是高级酒店大堂和前台室内设计中非常重要的一环。通过精心设计的灯光设计，可以营造出不同的氛围和情感，同时也可以突出空间的重点设计和装饰元素。例如，可以使用柔和的灯光来营造出温馨、舒适的氛围，或者使用现代化的照明设备来突出空间的设计元素。

图 9-9　高级酒店大堂和前台的灯光设计

4）绿色元素

绿色元素在现代酒店设计中越来越受到重视。如图 9-10 所示设计范例，通过运用绿色植物、自然材料等元素，可以让客人感受到自然的美好，同时也可以改善室内空气质量、提高客人的舒适感。例如，可以在大堂和前台设置绿色植物墙、使用自然材料来装饰空间等。

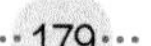

图 9-10　酒店的大堂的绿色元素

5）隐私保护

如图 9-11 所示，大堂和前台是客人进出酒店的主要区域，需要保护客人的隐私。因此，在设计时应该考虑如何保护客人的隐私，如采用私密性较好的隔断、窗帘等元素，避免泄露客人隐私。

图 9-11　酒店大堂隐私设计

9.2.3　酒店大堂的色彩方案

在确定星级酒店大堂设计理念时，应结合具体的空间形状、大小和用途来选择适合的配色方案。高级酒店大堂的色彩设计需要考虑以下 4 个方面。

（1）主色调与辅色调的关系：色彩搭配需要考虑到酒店的主题、定位和目标客群，以及当地的文化和审美习惯等因素。在色彩搭配中，要注意色彩的和谐、平衡和重点突出，避免色彩过多、过杂，造成视觉疲劳和不适感。在色彩搭配上，可以采用类似色调或对比色调，以营造出统一而又不失单调的空间氛围。如图 9-12 所示设计范例，主色调是空间中大部分颜色的色调，所占面积大，感染力强，可以采用灰色、米色、白色等颜色作为主色调，而辅助色调可以选择与主色调相近的同类色或对比色，以合理搭配。

图 9-12　酒店大堂的主色调与辅色调

(2) 对比与和谐的关系:在色彩搭配上,要运用好对比与和谐的关系,以营造出视觉上美观、舒适、和谐的大堂空间。如图 9-13 所示设计范例,可以采用明暗对比、冷暖对比、动静对比等手法,以增加空间的层次感和动态感。同时,也要注意色彩之间的协调性,色彩搭配避免过于突兀,从而影响整体效果。

图 9-13　酒店大堂的色调对比

(3) 色彩与心理的关系:如图 9-14 所示,在色彩设计时,应充分考虑不同色彩对人的心

图 9-14　基于心理影响的酒店色彩设计

理影响。例如，暖色调可以使人感到热情、兴奋和活力，而冷色调则可以使人感到冷静、平和和安详，酒店大堂的主色调多采用暖色，如红色、浅咖啡色和金黄色等，这些颜色可以营造出温馨、舒适和热情的氛围，同时也能提升酒店大堂的档次和品位；冷色调如蓝色、绿色和紫色等，可以给人大方、典雅和清新的感觉。在酒店大堂中，可以使用一些冷色调来调和暖色调，达到平衡与和谐的效果。因此，在色彩设计时，应根据酒店大堂的功能和风格，选择合适的色彩，以营造出舒适、温馨、豪华和大气的氛围。

(4) 照明与色彩的关系：在色彩设计时，还应考虑照明对色彩的影响。如图 9-15 所示设计范例，照明可以改变物体表面的明度和彩度，也可以改变空间的气氛和情感。因此，在照明设计时，应与色彩设计相结合，以增强色彩的表现力和感染力。

图 9-15　酒店大堂的照明与色彩

9.3 酒店餐饮区设计

9.3.1 酒店餐饮区的特点

高级酒店餐饮区通常具有以下特点。

(1) 多样性：如图 9-16 所示设计范例，高级酒店餐饮区通常提供多种不同类型的餐饮选择，包括中式、西式、日式等不同风格的餐厅、咖啡厅、酒吧等。以满足客人的不同需求和口味偏好。

(2) 精致和高档感：如图 9-17 所示设计范例，高级酒店餐饮区的装修和设计通常显得非常精致，以营造出豪华、高档的氛围，符合酒店整体的品牌形象和定位。

(3) 私密性和隔声：如图 9-18 所示设计范例，高级酒店餐饮区通常需要进行私密性和隔声设计，以保证客人在用餐过程中的隐私和避免噪声干扰。

图 9-16 酒店餐饮区的多样性

图 9-17 酒店餐饮区的高档和精致

图 9-18 餐饮区的私密性

(4) 灵活性和多功能性：如图 9-19 所示设计范例，高级酒店餐饮区需要具备灵活性和多功能性，以满足不同场合和活动的需求，如会议、婚礼、生日宴会等。

图9-19　酒店餐饮区的多功能性和灵活性

(5) 可持续性和绿色环保：如图9-20所示设计范例，高级酒店餐饮区通常注重可持续性和绿色环保，包括提供有机食材、使用环保餐具、节能减排等措施，以减少对环境的影响。

图9-20　酒店餐饮区的绿色环保

高级酒店餐饮区具有丰富多样性的特点，以满足客人的不同需求和期望，并提供独特的餐饮体验。

9.3.2　酒店餐饮区的设计要素

星级酒店餐饮区的设计理念应以人为本，以创造舒适、华丽的用餐环境为目标。高级酒店的餐饮区室内设计要考虑以下要素。

(1) 布局和装饰风格：如图9-21所示设计范例，高级酒店餐饮区的布局和装饰风格通常会采用舒适、奢华、高雅等元素，以营造出独特的氛围和体验。例如，使用高档的材料和家具、精致的装饰品、优雅的灯光等来营造出豪华、舒适的氛围。

(2) 色彩搭配：如图9-22所示设计范例，高级酒店餐饮区的色彩搭配通常会使用柔和、温暖的颜色，以营造出舒适、放松的氛围。例如，使用米色、棕色、金色等暖色调来装饰墙面和家具，或者使用柔和的灯光来营造出温馨的氛围。

图 9-21　酒店餐饮区的布局与风格

图 9-22　酒店餐饮区的色彩搭配

（3）主题和特色：如图 9-23 所示设计范例，高级酒店餐饮区通常会有特定的主题和特色，以吸引客人的兴趣和好奇心。例如，传统文化、当地特色、历史遗产等元素都可以成为餐饮区的主题。

图 9-23　酒店餐饮区的主题和特色

9.3.3 酒店餐饮区的色彩选择

对于酒店餐饮区的色彩搭配，应考虑实用功能、空间个性和审美需要，同时要注重营造舒适温馨的就餐氛围，色彩方案选择考虑以下 4 点。

(1) 暖色调：采用红色、橙色和黄色等，可以营造出温馨、舒适的环境，同时增强食品的色泽，促进食欲(图 9-24)。

图 9-24　酒店餐饮区的暖色调

(2) 冷色调：采用蓝色、绿色和紫色等，可以产生宁静、典雅的效果，同时减少食物的色泽，适用于比较正式的餐厅(图 9-25)。

图 9-25　酒店餐饮区的冷色调

(3) 鲜艳的色彩：采用亮黄色、粉红色等，可以产生充满活力和明亮的效果，适用于儿童餐厅或需要年轻化效果的餐厅(图 9-26)。

(4) 柔和的色彩：采用淡蓝色、淡绿色等，可以产生柔和、舒适的效果，适用于情侣餐厅或高档餐厅(图 9-27)。

图 9-26 酒店餐饮区的鲜艳色调

图 9-27 酒店餐饮区柔和色调

9.4 酒店房间设计

9.4.1 高级酒店的客房特点

高级酒店客房作为提供住宿服务的场所，其设计风格和氛围直接影响着客人的居住体验。高级酒店客房的特点，直接影响了酒店客房的设计风格。高级酒店客房通常具备以下特点。

(1) 装饰豪华：如图 9-28 所示设计范例，高级酒店客房一般采用豪华的装修，以显示其高档的地位。装修材料一般选用高品质的材料，如大理石、花岗岩等，以确保客房的品质。

(2) 空间宽敞：如图 9-29 所示设计范例，高级酒店客房通常宽敞舒适，以满足客人对私密性和舒适度的需求。一般来说，高级酒店客房的面积都比较大，并且配备有宽敞的卫生间和阳台。

图 9-28　酒店豪华客房

图 9-29　酒店客房的空间布局

(3) 设施齐全:如图 9-30 所示设计范例,高级酒店客房一般配备有高品质的床铺、沙发、电视、电话和保险柜等设施,以满足客人的各种需求。另外,高级酒店客房还通常提供高品质的洗浴用品和睡衣等。

图 9-30　完善的客房设施

（4）环境舒适：如图 9-31 所示设计范例，高级酒店客房环境一般都非常安静，以确保客人的舒适度。为此，客房通常采用高品质的隔声材料，以降低噪声干扰。

图 9-31　酒店客房的舒适环境

9.4.2　星级酒店客房设计要素

星级酒店客房是酒店获取经营收入最重要的来源，客房旨在为客人提供温馨、舒适、放松的住宿环境，优秀的客房设计能够充分满足顾客的需求，同时能够提升酒店的品牌形象。星级酒店的客房设计一般要满足以下 7 个要素。

（1）空间布局：高级酒店客房的空间布局要合理，需要考虑床的位置、衣柜、沙发和桌子等家具的摆放，以及墙面的利用和装饰。要求设计舒适、宽敞、明亮，同时要考虑到私密性和隔声效果。

（2）私密性：客房的私密性要得到保障，需要考虑到门窗的隔声效果、遮光效果、私密性等。

（3）色彩搭配：高级酒店客房的色彩搭配要和谐、舒适，需要根据酒店的风格和主题来选择颜色，同时要考虑到照明和灯光的设计。要求设计简洁、高雅、大气。

（4）材质选择：高级酒店客房的材质选择要环保、耐用、易清洁，需要考虑家具、地板、墙壁和天花板等材料的选用。要求设计质感高档、舒适度高。

（5）光线营造：高级酒店客房的光线营造要柔和、舒适，需要考虑自然光和人工光源的运用，以及灯具的选型和摆放。要求设计光线充足、柔和舒适。

（6）装饰艺术：高级酒店客房的装饰艺术要与酒店的整体风格相一致，体现酒店的品牌形象和文化内涵，同时要考虑艺术品的选型和摆放。要求设计艺术感强、精致美观。

（7）安全性：高级酒店客房的设计要考虑儿童和老人的安全，避免出现安全隐患，例如地面材料的防滑、家具的稳固性等。要求设计安全可靠、舒适度高。

9.4.3 星级酒店客房的色彩搭配方案

在星级酒店设计中，客房的色彩搭配原则是整体统一，以有限的颜色匹配为主，避免颜色过多导致拥挤感。色彩搭配选择时要注重以下 4 点。

(1) 浅色调：如图 9-32 所示设计范例，浅色调可以营造出清新、明亮、宽敞的氛围。在客房装修中，可以使用淡蓝色、淡绿色、淡黄色等颜色，使整体空间显得更加舒适和温馨。

图 9-32 星级酒店的浅色调客房

(2) 深色调：如图 9-33 所示设计范例，深色调可以营造出高雅、稳重、神秘的氛围。在客房室内设计中，可以使用深棕色、深灰色等颜色，增加客房的质感，提升整体空间的格调。

图 9-33 星级酒店的深色调客房

(3) 主题色彩：如图 9-34 所示设计范例，主题色彩是突出客房个性和特点的重要手段。在客房装修中，可以根据主题选择相应的颜色，例如红色主题酒店可以使用红色作为主色调，蓝色主题酒店则可以使用蓝色作为主色调。

(4) 自然色调：如图 9-35 所示设计范例，自然色调可以营造出自然、舒适、健康的氛围。在客房装修中，可以使用白色、灰色等颜色，增加客房的现代感，也可以使用米色等颜色，增加客房的温馨感。

图 9-34　酒店客房红蓝主题色调

图 9-35　酒店客房的自然色调

星级酒店客房色彩设计理念应注重和谐、舒适、温馨的氛围营造，同时兼顾美观和实用性。通过合理的色彩搭配、墙面颜色、地面材质营造出舒适、美观、个性化的空间氛围。

9.5 酒店会议室设计

9.5.1 星级酒店会议室的特点

会议空间是酒店重要的公共空间，主要体现在其功能的灵活性和配套的完备性上，酒店会议室集合了多种功能，与一般的会议室相比有明显区别，这些特殊性主要体现在以下4个方面。

（1）规模和布局：酒店会议室通常具有相对较大的规模和开放的布局，以适应更多人员参加会议的需求。同时，酒店会议室的布局和设施可以根据不同会议的需求进行灵活调整。

（2）设施和设备：酒店会议室通常配备先进的会议设施和设备，如高质量的音响系统、投影设备、灯光系统等，以满足各种会议需求。

(3) 安全性和保密性:酒店会议室通常具有较高的安全和保密性,以确保会议的机密性和安全性。

(4) 特殊需求:酒店会议室通常可以满足各种特殊需求,如语言翻译、同声传译、展览等,以适应不同类型和规模的会议。

综上所述,酒店会议室相对于一般会议室具有规模和布局、设施和设备、安全保密性等方面的特殊性,可以满足各种高端、复杂和特殊的会议需求。

9.5.2 星级酒店会议室设计要点

星级酒店的会议除了要满足各种不同规模、不同类型会议的要求,同时还要具有多种灵活的功能。比如满足企业租赁举办年会或酒会的要求,有时也要考虑作为晚会庆典场所等。在进行室内设计时,需要满足以下 5 点。

(1) 地面装饰:如图 9-36 所示设计范例,会议室的地面一般采用耐磨防滑的地砖、地毯或其他适合的材料,以确保人员和物品的安全,同时能够满足静音的要求。

图 9-36　酒店会议室的地面装饰

(2) 墙面装饰:如图 9-37 所示设计范例,会议室的墙面为了体现高档、豪华的特点,可以采用壁纸、壁布、实木以及涂料等进行装饰。

图 9-37　酒店会议室的墙面

(3) 天花板装饰:如图 9-38 所示设计范例,会议厅的天花板一般采用简单处理,如刮腻子、刷乳胶漆、石膏板等,以避免出现装饰过于复杂而影响视线的问题,也可以利用灯光营造出宽敞明亮的特点。

图 9-38 酒店会议室天花板装饰

(4) 灯光装饰:如图 9-39 所示设计范例,会议室灯光一般采用专业照明设备,如吊灯、壁灯、台灯等,以满足会议的照明需求。

图 9-39 酒店会议室的灯光

(5) 家具装饰:如图 9-40 所示设计范例,会议室家具一般配备专业的会议桌、椅子、投影设备等家具装饰,以满足会议的需求。

图 9-40 酒店会议室的家具

以上是会议室装饰特点的一般情况，具体装饰风格和特点可以根据会议需求和场所特点进行定制和设计。

9.5.3　星级酒店会议室的配色方案

星级酒店会议室色彩设计理念应追求高端、大气、沉稳的氛围。具体可参考以下配色方案。

（1）单色调搭配：如图 9-41 所示设计范例，以一个色相作为整个室内色彩的主调，如米黄、咖啡、海洋蓝等。这种配色方案可以营造出宁静、安详的效果，并能很好地展示室内陈设。

图 9-41　星级酒店会议室的单色调

（2）相似色调搭配：如图 9-42 所示设计范例，在色环上采用互相接近的颜色，如蓝、蓝绿、绿等。这种方案可产生和谐、清新的感觉，为参会者带来放松和舒适的氛围。

图 9-42　星级酒店会议室相似色调

（3）互补色调搭配：如图 9-43 所示设计范例，色环上相对位置的色彩，如红与绿、黄与紫等。这种方案可以产生强烈的对比效果，使空间更具活力和吸引力。但需要注意用明度的变化来软化这种效果，同时强烈的色彩也可以通过减低彩度来获得平静的效果。

图 9-43　星级酒店的互补色料

(4) 三色对比色调搭配：如图 9-44 所示设计范例，采用三个主色调，如红、黄、蓝、绿等。这种方案可以通过色相对比、纯度对比、邻近色对比等来获得彩度的变化和丰富的效果，使空间更具动感和丰富性。

图 9-44　星级酒店会议室三色调

需要注意的是，在确定会议室色彩方案时，应结合具体的空间形状、大小和用途来选择适合的配色方案。同时，在高星级酒店中，还应遵循品牌定位和客户喜好来调整色彩方案，确保方案的实用性和可行性。

9.6 酒店娱乐区设计

9.6.1 酒店娱乐区的作用

星级酒店的娱乐区是专门用于为入住客人提供健身、休闲、娱乐的场所，能够为客人带来良好的入住体验，同时也能丰富、充实客人的休闲时间。酒店娱乐区对于星级酒店来说是不可或缺的重要组成部分，其作用主要体现在以下 5 个方面。

(1) 提供娱乐设施和活动：酒店娱乐区可以提供各种娱乐设施和活动，如游泳池、健身房、桑拿室、美容院、保龄球室、网球场和高尔夫球场等，让客人在住宿期间能够得到充分的休息和娱乐。

(2) 增加客人体验价值：酒店娱乐区可以提供额外的娱乐选择，使客人在酒店中得到更多的活动选择，增加客人的体验价值。

(3) 促进客人满意度：酒店娱乐区可以让客人在住宿期间得到更多的娱乐选择，提高客人的满意度。

(4) 增强酒店品牌形象：酒店娱乐区可以作为酒店品牌形象的一个重要标志，提供高质量的娱乐设施和服务，可以提升酒店品牌形象。

(5) 提高酒店竞争力：酒店娱乐设施的多样性和质量是酒店之间竞争的重要因素之一，提供多样化的娱乐设施可以增加酒店的竞争力，吸引更多的客人。

酒店娱乐区对于提高客人的体验价值、促进客人满意度、增强酒店品牌形象以及提高酒店竞争力都具有重要的意义。

9.6.2　星级酒店娱乐区的设计要点

星级酒店娱乐区的设计需要满足客人的娱乐需求，同时体现酒店的豪华和舒适。星级酒店娱乐区设计要考虑以下 6 点。

(1) 主题与风格：如图 9-45 所示设计范例，娱乐区的室内装饰设计应与酒店的整体主题和风格相一致，同时要考虑到娱乐区的功能和目标客群。

图 9-45　酒店娱乐区的主题与风格

(2) 空间布局：如图 9-46 所示设计范例，室内装饰设计应合理利用空间，考虑客人的活动流线和视觉感受。可以使用多功能区域，例如舞池、卡座、包厢等，以适应不同类型客人的需求。

图 9-46　酒店娱乐区的布局

(3) 照明设计:照明设计是室内装饰设计的重要环节。如图 9-47 所示设计范例,应选择合适的照明设备和灯光色彩,创造出适合不同场合的氛围和效果。

图 9-47　酒店娱乐区的照明

(4) 家具和装饰:家具和装饰应该与娱乐区的风格和功能相匹配。如图 9-48 所示设计范例,可以使用舒适的沙发、椅子、桌子等家具,以及艺术品、绿化等装饰元素。

图 9-48　酒店娱乐区的家具选择

(5) 材料选择:如图 9-49 所示设计范例,室内装饰设计应选择合适的材料,例如地毯、瓷砖、木板等,以增加娱乐区的质感和美感。

图 9-49　星级酒店娱乐区的材料选择

(6) 安全和隐私:室内装饰设计应考虑客人的安全和隐私。如图 9-50 所示设计范例,可以使用隔声材料、遮光灯等措施,以保障客人的舒适和安全。

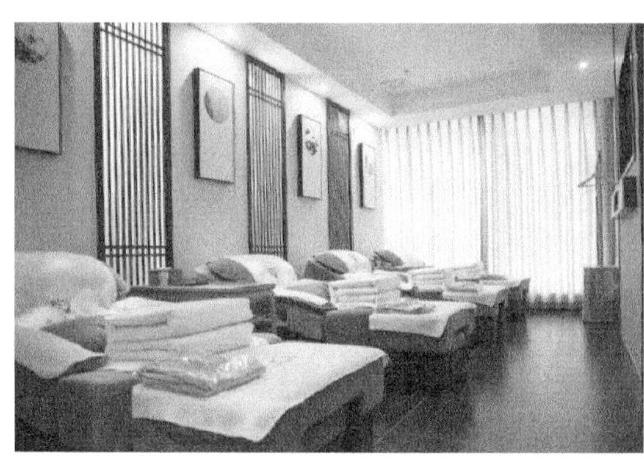

图 9-50　酒店娱乐区的隐私与安全

9.6.3 星级酒店娱乐区的色彩选择

高级酒店娱乐区的配色方案需要根据具体的环境和设计风格来确定,通过不同的配色,营造出不同的休闲氛围,同时色彩的搭配要与酒店的主题风格一致,一般来说有以下 4 种配色方案。

(1) 豪奢色调:如图 9-51 所示设计范例,这种风格的配色方案通常以深色为主,例如黑色、深红色、深蓝色等,配以金色、白色等亮色,以营造出豪华、精致的氛围。

(2) 时尚色调:如图 9-52 所示设计范例,这种风格的配色方案通常以鲜艳的色彩为主,例如红色、蓝色、黄色等,配以灰色、白色等中性色,以营造出时尚、活力的氛围。

图 9-51 酒店娱乐区的豪奢风格

图 9-52 酒店娱乐区的时尚风格

(3) 清新色调:如图 9-53 所示设计范例,这种风格的配色方案通常以浅色为主,例如浅蓝色、浅绿色、浅黄色等,配以深色或中性色,以营造出清新、自然的氛围。

图 9-53 酒店娱乐区的清新风格

(4) 浪漫色调:如图 9-54 所示设计范例,这种风格的配色方案通常以粉色、紫色为主,例如淡紫色、深紫色、粉红色等,配以白色、金色等色,以营造出浪漫、温馨的氛围。

图 9-54　酒店娱乐区的浪漫风格

星级酒店的娱乐区配色方案应该考虑到酒店的风格和目标客群，制订出适合不同场合的配色方案，让客人感受到相应的氛围和情感。

9.7　酒店走廊设计

9.7.1　酒店走廊的重要性

星级酒店走廊在酒店设计中起着非常重要的装饰作用，是将酒店各部分串联起来，也是将酒店元素完美融合使之融为一体的重要组成部分。

在星级酒店中，走廊是客房与客房之间的连接，它不仅为客人提供行走和通行的空间，还承担着装饰和保护酒店内部空间的职责。在走廊中可以设置艺术品、装饰画、绿化植物等，为酒店增加美感和生气。

此外，走廊还能提供实用的服务，例如可作为紧急疏散通道、消防通道等，保证客人在危急情况下的安全。

因此，星级酒店走廊的设计和装修是酒店设计中不可忽视的重要部分，不仅能够增加酒店的美观度和舒适度，还能为客人提供安全和保障。

9.7.2　酒店走廊的设计理念

星级酒店走廊的设计是酒店整体设计中的重要环节，走廊的合理设计不仅可以提高酒店的空间利用率，还可以增强酒店的品牌形象和舒适度。一般来说走廊的设计要满足以下 7 点。

(1) 空间利用：星级酒店走廊的设计应充分利用空间，合理规划走廊的长度和宽度，以最大化利用酒店空间,提高空间利用率。

(2) 舒适度:走廊的设计应注重舒适度,包括地面的材质、照明、噪声控制等方面。比如,选用舒适的地毯、灯光等,避免眩光和噪声干扰,创造出一个温馨、舒适的走廊环境。

(3) 美观性:星级酒店走廊的设计应美观大方,可以通过装修材料、装饰元素、艺术品等方面来营造出美观、独特的走廊氛围。

(4) 安全性:走廊的设计应注重安全性,比如在地面铺设防滑地砖,在走廊尽头安装扶手等措施,以确保客人的安全。

(5) 私密性:走廊的设计应注重客人的私密性,可以通过隔墙、隔声门等措施来避免走廊噪声影响到其他区域。

(6) 导向性:走廊的设计应具有一定的导向性,通过合理设置指示牌、箭头等标识来引导客人顺利找到目的地。

(7) 环保与节能:在走廊的设计中注重环保与节能,如使用节能灯具、自动感应器等设备,以降低能耗和环境污染。

高级酒店走廊的设计应综合考虑各方面的要求,以创造出一个宽敞、舒适、安全和温馨的走廊环境,从而提高客人的满意度和酒店的品牌形象。

9.7.3 酒店走廊的配色方案

星级酒店走廊一般作为室内封闭空间,主要起到的是交通、疏散的作用,串联起酒店的各个房间。作为客人入住的必经之地,环境的好坏会影响客人的满意度以及酒店的品质感,因此在走廊的设计中,需要更加注重装饰细节。酒店走廊的色彩搭配常遵循以下规律:

(1) 酒店走廊的主题色调。如图 9-55 所示设计范例,高级酒店的品牌形象通常比较高端、豪华,因此走廊的色彩搭配应该符合这种风格,可以使用金色、棕色、灰色等高端色彩,以营造出奢华、高贵的氛围。

图 9-55 高端豪华主题走廊

(2) 色彩搭配的灵活性。如图 9-56 所示设计范例,高级酒店的走廊通常用于连接客房、餐厅、会议室等不同区域,因此色彩搭配应该根据不同区域的用途和功能进行选择。例如,客房附近的走廊可以使用柔和的色调,如粉色、淡蓝色等,以营造出温馨、舒适的氛围;会议室附近的走廊可以使用白色的色调,以营造出干净、整洁的气氛。

图 9-56 走廊色彩的灵活搭配

(3) 考虑色彩的搭配和组合。如图 9-57 所示设计范例,高级酒店走廊的色彩应该注重搭配和组合,以营造出整体和谐、统一的氛围。可以使用相似或相反的色彩进行搭配,如棕色和金色、灰色和白色等,以营造出层次感和丰富的视觉效果。

图 9-57 走廊的色彩搭配

总之,高级酒店走廊的色彩搭配应该符合酒店的整体风格和品牌形象,同时考虑走廊的用途和功能,注重色彩的搭配和组合,以营造出高端、豪华的氛围。酒店走廊的配色方案应根据酒店的整体风格、品牌形象、客人的喜好和需求等因素进行定制和调整。

9.8 酒店创意空间设计

9.8.1 酒店创意空间的特点

对于星级酒店来说，除了酒店中的必备空间以外，还会设计一些充满新奇和创意感十足的休闲、休息区等特色空间，这些空间通过别具特色的设计，能够给入住客人留下深刻印象，通过一定的视觉冲击打动顾客，对于提升酒店的品牌形象、增加酒店的竞争力有重要作用。一般来说高级酒店的创意空间具有以下特点。

（1）主题化设计：高级酒店创意休闲区设计可以与酒店的主题和品牌形象相符合，创造出更加独特和鲜明的主题空间，如浪漫主题、科技主题等。

（2）高品质设施：高级酒店创意休闲区可以提供高品质的设施，如豪华沙发、高清大屏幕电视、高端音响设备等，提供更加舒适和愉悦的体验。

（3）私密性设计：高级酒店创意休闲区设计须考虑私密性，可设置一些隔声、遮光等设施，提供更加私密和安静的休息环境。

（4）个性化服务：高级酒店创意休闲区可以提供个性化服务，如定制的饮品、美食、活动等，满足客人的不同需求和喜好。

高级酒店创意空间的设计需要考虑到客人的需求和喜好，创造出一个独特、有趣、舒适的休闲空间，让客人能够放松身心，享受酒店的特色和服务。

9.8.2 酒店创意空间的设计理念

酒店创意空间可以增加酒店的特色和吸引力，创意空间作为高级酒店不可缺少的空间点缀，能够体现设计师独特的设计思想和理念。创意空间的设计理念往往有以下5种类型。

（1）主题休闲区：如图9-58所示设计范例，创意空间可以设计成与酒店主题相关的休闲区，例如，如果酒店主题为热带雨林，可以设计一个热带雨林休闲区，提供热带雨林的氛围和体验。

（2）儿童娱乐区：如图9-59所示设计范例，为了保证入住儿童的快乐体验，可以设计一个儿童娱乐区，提供给客人能带着孩子游玩和娱乐的场所。这个区域可以将卡通或科技等设计成主题，根据客人的需求和喜好进行设计。

（3）瑜伽和健身区：如图9-60所示设计范例，可以设计一个瑜伽和健身区，提供给客人健身和放松的场所。这个区域可以设计成自然简约的风格，让人感到舒适和放松。

图9-58　热带雨林主题型创意空间

图9-59　儿童主题型创意空间

图9-60　瑜伽健身区

(4) 艺术展示区：如图9-61所示设计范例，创意空间可以设计为一个艺术展示区，展示一些当地艺术家的作品或酒店收藏的艺术品。这个区域可以增加酒店的文化氛围和艺术价值。

(5) 星空休息区：如图9-62所示设计范例，酒店创意空间可以设计一个星空休息区，提供给客人观赏星空和休息的场所。这个区域可以设计成露天或半露天的形式，增加空间的开放感和舒适度。

图 9-61　酒店艺术展示区

图 9-62　酒店星空休息区

总之，高级酒店创意休闲区的室内设计应该注重细节处理，以提供舒适、实用、美观的休闲环境为目标。

9.8.3　酒店创意空间的配色方案

酒店创意休闲区的配色方案需要根据主题和风格进行选择，同时还需要考虑自然元素、光照效果、个性和独特性等因素，以提供舒适、宜人的休闲空间。酒店创意休闲区的配色方案可综合考虑以下因素。

(1) 中性色调的考虑：如图 9-63 所示设计范例，中性色调可以提供宁静、舒适的氛围。例如灰色、米色、白色等，这些颜色可以作为基础色调，提供平衡而舒适的感觉。

(2) 温暖色调：如图 9-64 所示设计范例，在酒店的创意空间中添加一些温暖色调以提供更加舒适和温馨的氛围。例如，选择一些棕色、橙色、红色等装饰，这些颜色可以让空间看起来更加舒适和宜人。

(3) 引入自然元素：如图 9-65 所示设计范例，在休闲区中引入自然元素可以增加舒适感和放松感。例如，使用绿色植物、岩石、木制品等，这些元素可以让空间更加自然和轻松。

图 9-63　酒店创意空间的中间色调

图 9-64　酒店创意大空间的温暖色调

图 9-65　酒店创意空间的自然元素

(4) 使用对比色:如图 9-66 所示设计范例,使用对比色可以增加空间的活力和创意性。例如,可以选择一些鲜艳的色彩,如蓝色、黄色、橙色等,与中性色调形成对比,增加空间的趣味性。

图 9-66　酒店创意空间的对比色调

(5) 灯光效果:光照效果对配色方案至关重要。如图 9-67 所示设计范例,在休闲区中使用柔和的灯光,如暖黄色灯光,可以营造出舒适和放松的氛围。同时,可以使用一些创意性的灯光设计,如 LED 灯带、造型灯等,增加空间的创意性和趣味性。

图 9-67　酒店创意区的灯光效果

参考文献

[1] (美)理查德·H·彭奈尔,(美)劳伦斯亚当斯,(美)斯蒂芬妮·K.A·罗宾逊.酒店设计规划与开发[M].周莹,阎立君,译.桂林:广西师范大学出版社,2015.

[2] 董辅川,王萍.酒店设计手册[M].北京:清华大学出版社,2020.

[3] 杨春宇.特色酒店设计、经营与管理[M].中国旅游出版社,2018.

[4] 倪伟民,孙浩光,张卫兵,等.泰州天禄湖国际大酒店钢板桩围护施工质量控制[J].泰州职业技术学院学报,2022,22(6):3-6.

[5] 马海波,倪伟民,张卫兵,等.一种弧形深基坑的钢板桩围护结构,中国,202220612986.8[P],2022-08-23.

[6] 苏新玉,马海波,蒋凤昌,等.一种钢结构框架中的钢筋桁架楼承板结构,中国,202220978805.3[P],2022-08-23.

[7] 张卫兵,苏新玉,蒋凤昌,等.一种弧形钢结构工程的双向弧形铝板幕墙构造,中国,202221394026.5[P],2022-09-13.

[8] 张卫兵,倪伟民,蒋凤昌,等.一种钢管混凝土柱与地下室底板连接构造,中国,202220612360.7[P],2022-10-11.

[9] 颜彬彬.拉森钢板桩围堰在涉水深基坑中的应用[J].价值工程,2022,41(16):71-73.

[10] 卢健.拉森钢板桩围堰在紧邻繁忙公路桥梁深基坑中的应用[J].建材世界,2022,43(02):140-143.

[11] 熊凤良.深厚流塑淤泥地质拉森钢板桩施工应用[J].建筑技术开发.2022,49(03):48-50.

[12] 雷军周.拉森桩在基坑支护施工中的应用[J].建筑技术开发.2021,48(05):161-162.

[13] 左亚林,王伟,旃宏.钢筋桁架组合楼承板施工技术[J].石油化工建设,2022,44(03):94-97.

[14] 高超.钢框架结构与桁架楼承板施工技术[J].城市住宅,2021,28(S1):154-155.

[15] 何明辉,王润国,蒲俊,等.钢筋桁架楼承板结合铝模体系的施工技术[J].建筑施工,2021,43(11):2306-2308.

[16] 廖翌权，常海东，张满江红，等.大跨度钢筋桁架楼承板吊挂支撑施工技术[J].建筑技术开发.2021,48(16):92-93.

[17] 林群.桁架楼承板施工技术要点与控制[J].四川水泥，2021，(05):161-162.

[18] 李波，赵卓，唐维涛，等.装配式钢结构的钢筋桁架楼承板施工技术应用研究[J].居舍，2019，(33):55+137.

[19] 戴甜杰.装配式建筑设计中BIM技术的应用[J].中国建筑金属结构，2023，22(05):129-131.

[20] 姜鑫.BIM技术在施工中的应用——以宜家购物中心上海临空项目为例[J].价值工程，2023，42(09):139-142.

[21] 陈艳莉.BIM技术在计算机辅助建筑设计中的应用研究[J].混凝土世界，2023(02):35-38.

[22] 朱丽，杨宇，戴伟娥，等.BIM技术在装配式钢结构建筑深化设计中的应用[J].广西城镇建设，2022(12):70-75.

[23] 陈晶晶，陈姝君，郁泽政，等.BIM技术在扬州中南商业酒店中的应用[J].中国建筑装饰装修，2022(21):52-55.

[24] 王锋.基于BIM技术的钢结构工程深化设计[J].中国建筑装饰装修，2022(17):72-74.

[25] 张蓝鸽.基于BIM5D的TC酒店建筑工程施工组织设计管理体系研究[D].青岛：青岛大学，2022.

[26] 庄彬.基于BIM技术的酒店安装工程管线综合设计和施工技术研究应用[J].广东土木与建筑，2022，29(05):11-14.

[27] 莫韬韬.BIM可视化技术在深基坑施工中的应用研究[D].长春：长春工程学院，2021.

[28] 刘伟，唐昊.基于BIM技术的酒店建筑工程优化设计研究[J].中华建设，2021(08):66-67.

[29] 林佳铭，黄圳瀚，刘福焰.基于BIM与行人流仿真技术在孤立丹霞岩顶温泉酒店中的应用研究[C]//浙江省土木建筑学会.第26届华东六省一市土木建筑工程建造技术交流会论文集(上册).第26届华东六省一市土木建筑工程建造技术交流会论文集(上册)，2020:391-395.

[30] 孙恺毓.基于BIM的星级酒店工程运维阶段信息管理研究[D].徐州：中国矿业大学，2020.

[31] 张宇.基于BIM与物联网的大型酒店运维管理研究[D].徐州：中国矿业大学，2020.

[32] 谭玉玺.基于BIM技术的施工场地可视化布置与优化[J].中小企业管理与科技(上旬刊)，2020(04):189-190.

[33] 宋波，罗培圣.BIM技术在高等级酒店项目实施全过程信息集成中的应用[J].建设监理，2018(07):46-48+58.

[34] 李飞,刘宇恒,杨成,等. 基于 BIM 技术的施工场地布置研究与应用[J]. 土木建筑工程信息技术,2017,9(01):60-64.

[35] 曹晓罗,印晨曦,洪尹楠. BIM 技术在钢结构工程施工中的应用[J]. 山西建筑,2016,42(16):55-56.

[36] 江文. BIM 技术在公共建筑运营维护阶段的应用研究[D]. 大连:大连理工大学,2016.

[37] 赵金龙. BIM 技术在钢结构工程建设阶段的应用[D]. 长春:长春工程学院,2016.

[38] CCDI 悉地(北京)国际建筑设计顾问有限公司. BIM 在三亚海棠湾酒店设计中的应用[J]. 建筑,2013(13):51-54.

[39] 张并锐. 江苏省数字工地智慧安监的应用分析[J]. 建筑技术开发,2019,46(7):47-50.

[41] 李东锋. 基于智慧工地的施工安全管理技术及实践应用分析[J]. 建设科技,2022(24):75-78.

[42] 陈丹丹,吴春学,李寒. 基于智慧工地的施工安全管理技术研究及应用[J]. 建筑安全,2021(10):54-57.

[43] 彭筝. 酒店客房装配式装修设计与施工[D]. 长沙:中南林业科技大学,2021.

[44] 宫闻笛. 连锁酒店标准客房装配式装修设计与研究[D]. 广州:华南理工大学,2021.

[45] 张洁平. 现代酒店室内装饰设计浅析——以仪征紫星酒店为例[J]. 中国建筑装饰装修,2021(06):120-121.